最新版

地球46億年の秘密がわかる本

Uncovering Secrets of the Earth

オールカラー

地球科学研究倶楽部 編

はじめに

「地球」は、現代人にとって絶対必須の教養です。

なぜなら近年、国際社会が、政治的にも経済的にも、地球というテーマを中心に動くようになってきているからです。

環境破壊や地球温暖化は、今や、人類が対処しなければならない最重要課題だといえます。たとえば、気候変動を抑制することをめざして、２０１５年に「パリ協定」が採択されましたが、この国際的な取り決めは、世界中に大きな影響を与えています。また近年は、「人新世（じんしんせい）」や「ＳＤＧｓ（エスディージーズ）」といったキーワードがニュースに頻出（ひんしゅつ）し、ビジネス関連の話題としても注目されています。

地球について知らないままでいると、この先、時代から取り残されてしまうことになりかねません。

本書は、２０１７年に学研から刊行された『決定版　地球46億年の秘密がわかる本』の最新改訂版です。

「決定版」と銘打って世に問うた書物を、あえてさらに改訂したのは、「読者のみなさんに、新しい時代を生きるために必要な最新の知識をお伝えしたい」という思いを抑えられなかったからです。

新しい話題を多く盛り込みながら、よりわかりやすく、面白くなるよう、全面的に作り直しました。

地球について知ることは、最高のエンターテインメントでもあります。

地球はおよそ46億年前に誕生し、長い時間をかけて変化して、現在の姿になりました。その長い歴史の中には、いまだに科学的に解明されていない謎が、たくさん存在します。その秘密に思いを馳せるとき、私たちは、壮大なロマンを味わうことができます。

また、私たちは地球の上で生きていますが、日常生活の中で見ているのは、地球の表面のごくせまい部分だけです。上空にも地下にも、驚くような秘密が隠されています。

これからその秘密を、ご一緒に探りにいきましょう。

地球科学研究倶楽部

最新版

地球46億年の秘密がわかる本

目次

第3章 地球の形成の秘密 63

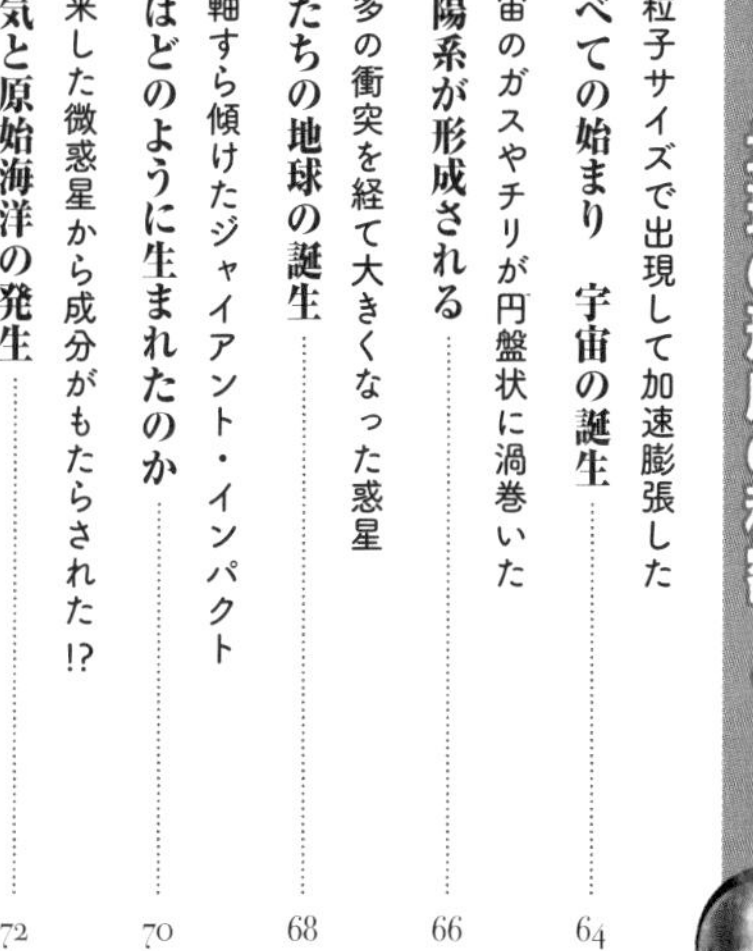

第5章 大地と海の秘密

第6章　気候と気象の秘密

地球年表

Chronology of the Earth

地球史

138億年前　宇宙が誕生する

宇宙誕生の38万年後、原子が形成される

135億年前　恒星が出現する

130億年前　銀河が形成されはじめる

46億年前　原始太陽系円盤が形成される

原始地球が誕生する

月が誕生する

43億7000万年前　ABEL爆撃（〜42億年前）

大気と原始海洋が作られる

プレートテクトニクスが始まる

地磁気が発生する

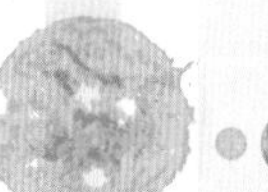

生物史

40億年前　最初の生命が誕生？

38億年前　この頃までには生命が存在していた

やがて光合成を行う生物が登場する

29億年前以降	シアノバクテリアの光合成で酸素が発生
24億年前	大気中の酸素濃度が急上昇（〜20億年前）
	全球凍結（〜21億年前）
20億2300万年前	隕石衝突でフレデフォート・ドーム形成
19億年前	ヌーナ超大陸が形成される
11億年前	ロディニア超大陸が形成される
7億3000万年前	全球凍結（〜7億年前）
6億5000万年前	全球凍結（〜6億3500万年前）
5億年前頃	オゾン層が形成される

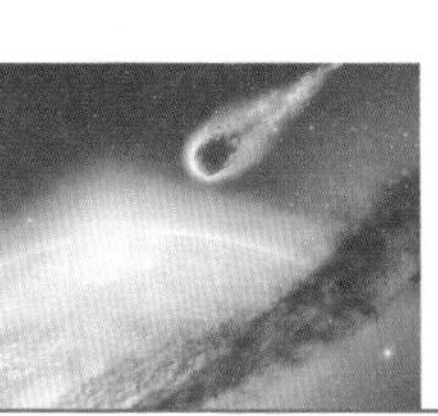

29億年前	シアノバクテリアが登場する
21億年前	真核生物が登場する
	多細胞生物の誕生
5億8000万年前	エディアカラ生物群（〜5億5000万年前）
5億4000万年前	カンブリア大爆発
4億8540万年前	この頃から植物が陸上へ進出しはじめる
4億4380万年前	オルドビス紀末の大量絶滅
4億1920万年前	魚がアゴをもつようになる
	この頃から昆虫が陸上へ進出しはじめる
3億7000万年前	デボン紀後期の大量絶滅
3億5890万年前	両生類の祖先が誕生し陸上へ進出

2億5000万年前	パンゲア超大陸が形成される
2億年前	ゴンドワナ大陸とローラシア大陸が分裂
6600万年前	巨大隕石が地球に衝突（現在のユカタン半島） 火山の破局噴火が起こる（現在のデカン高原） 南アメリカ大陸とアフリカ大陸が分裂
5000万年前	インド亜大陸がユーラシア大陸と衝突 やがてヒマラヤ山脈が形成される
2500万年前	バイカル湖が形成される
550万年前	カスピ海が形成される

2億5190万年前	ペルム紀末の大量絶滅
2億3000万年前	恐竜が登場
2億2000万年前	哺乳類の祖先が登場
2億130万年前	三畳紀末の大量絶滅 恐竜が繁栄 恐竜から鳥類が生まれる
6600万年前	白亜紀末の大量絶滅 恐竜のほとんどが絶滅する 生き延びた哺乳類が多様化する
6500万年前	霊長類の祖先が登場する
5000万年前	哺乳類の一部が海へ進出する
1500万年前	大型類人猿すべての共通祖先が存在
700万年前	人類とチンパンジーの系統が分かれる
250万年前	ホモ属が登場する

210万年前	イエローストーン火山が大噴火を起こす
130万年前	イエローストーン火山が大噴火を起こす
120万年前	トバ火山が大噴火を起こす
84万年前	トバ火山が大噴火を起こす
77万4000年前	現在までのところ最後の地磁気逆転
64万年前	イエローストーン火山が大噴火を起こす
50万年前	トバ火山が大噴火を起こす
9万年前	阿蘇火山が大噴火で現在のカルデラを形成
7万4000年前	トバ火山が最大規模の破局噴火を起こす
7万年前	最終氷期（〜1万年前）
5万年前	隕石衝突でバリンジャー・クレーター形成

180万年前	ホモ属の一部がアフリカを出る
70万年前	ホモ・ハイデルベルゲンシスが登場する
30万年前	ヨーロッパでネアンデルタール人が登場 アフリカでホモ・サピエンスが登場
7万年前	ホモ・サピエンスに認知革命が起こる
4万3000年前	ホモ・サピエンスがヨーロッパへ進出
4万年前	ネアンデルタール人が絶滅する
1万2000年前	ホモ・サピエンスが農耕を始める

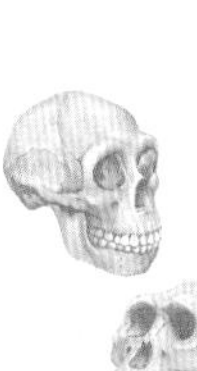
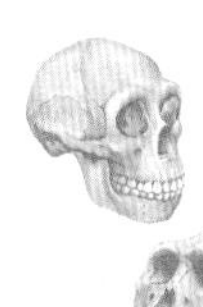
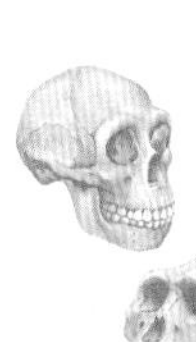
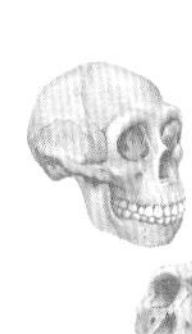
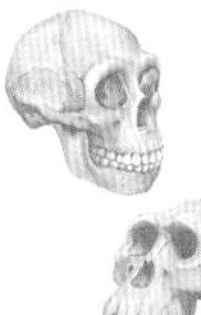
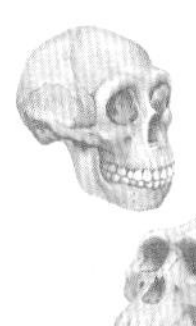
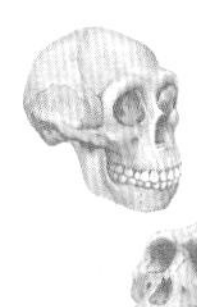
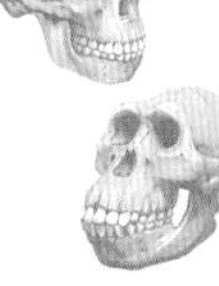

文明・国家が築かれるようになる

16世紀　科学革命が始まる

18世紀後半　産業革命が始まる

1815年　タンボラ火山が大噴火を起こす

19世紀後半　ダーウィンの進化論が提唱される

1912年　ヴェーゲナーの大陸移動説が提唱される

1960年代　プレートテクトニクス理論が登場する

20世紀後半　人間活動による環境破壊が加速

1990年　生物の3ドメイン説が提唱される

1992年　スノーボール・アース説が発表される

21世紀初頭　人新世が注目されはじめる

＊年代などには、はっきりと確定していないものや、研究者の間でも意見が分かれているものもあります。ここでは、編者が個別に判断して年表にしました。

第1章

地球の秘密　最前線

01 この惑星にはあらゆる秘密が詰まっている!! 地球という星を知ろう

宇宙人からの質問

私たちはみな、地球に支えられ、地球の上に生きています。では私たちは、その地球について、どれだけのことを知っているでしょうか？

たとえば、遠く離れた別の惑星(わくせい)の住人と、通信できるようになったとします。その相手から、「あなたの住む惑星は、どんな星ですか？」と質問されたら、自信をもって答えられますか？

人は自分の「足もと」については、意外と知らないものです。本書で、地球の秘密を楽しみながら見ていきましょう。

地球は秘密の宝庫

ひと言で「地球の秘密」といっても、その内容はさまざまです。地球は秘密の宝庫なのです。

惑星として、どんな特徴をもっているのか。どのようにして作られ、形を変えてきたのか。地球上の生命はどのように誕生し、進化してきたのか。さまざまな地形はどのように作られているのか。なぜさまざまな気候や気象があるのか。これからの地球環境はどうなるのか……。

本書では、こういったテーマを、章ごとに扱っていきます。

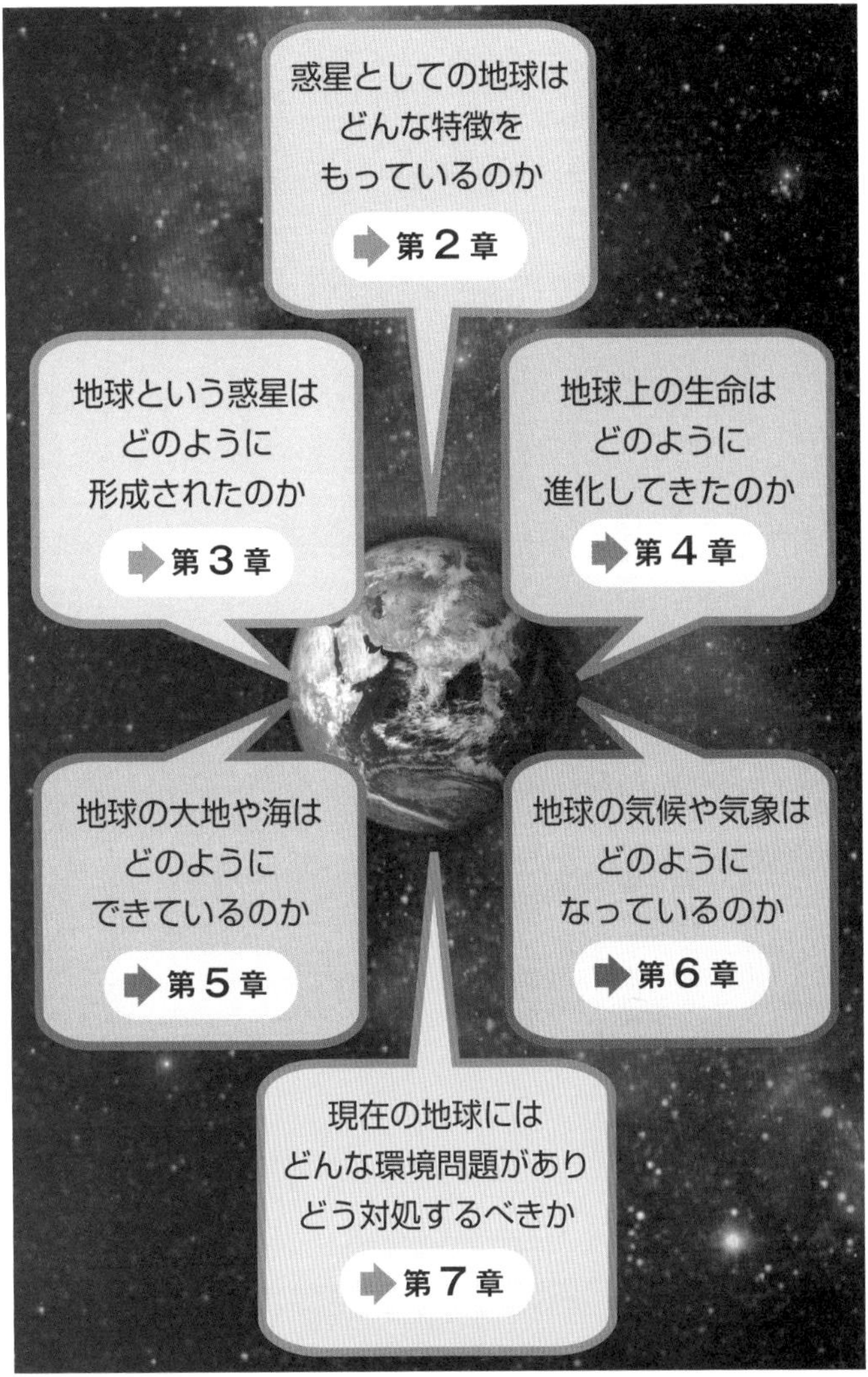

惑星としての地球は
どんな特徴を
もっているのか
➡第２章

地球という惑星は
どのように
形成されたのか
➡第３章

地球上の生命は
どのように
進化してきたのか
➡第４章

地球の大地や海は
どのように
できているのか
➡第５章

地球の気候や気象は
どのように
なっているのか
➡第６章

現在の地球には
どんな環境問題があり
どう対処するべきか
➡第７章

▲私たちの生きる「地球」は、さまざまな秘密を抱えている。本書の第２章から第７章では、それらをテーマ別に探っていく。

02 地球の中はどうなっているのか

普段見えない部分が地球を動かしている!!

地球内部に大量の水が！

地球はよく「水の惑星」だといわれます。実際、地球の表面の70パーセントは海であり、宇宙から撮影された映像を見ると、水の青さが目立ちます。表面にこんなに大量の水をもつ星は、太陽系の中にはほかに存在しません。

しかしじつは、地球がもっている水は、表面の海や湖、川などだけではありません。

地球の表面である硬い**地殻**（ちかく）の内側には、岩石が高温高圧の状況下で流動している、マントルという層があります。この**マントル**の鉱物（こうぶつ）の中には、少しずつ水の成分が含まれており、すべてを合わせると、海水以上の量になると考えられています。

そして、マントルのさらに内側には、超高温高圧でドロドロに溶けた鉄などからなる、**核**（かく）という層があります。ここには、**海水の80倍**にも相当する量の**水素**（すいそ）が含まれていることが、東京工業大学の研究グループによって、２０１４年に明らかになりました。

この発見から、地球が形成された頃には、今よりもはるかに大量の水が存在していたのだろうと推測されます。その水の多くが、核に取り込まれ、水素という形で残っているのです。

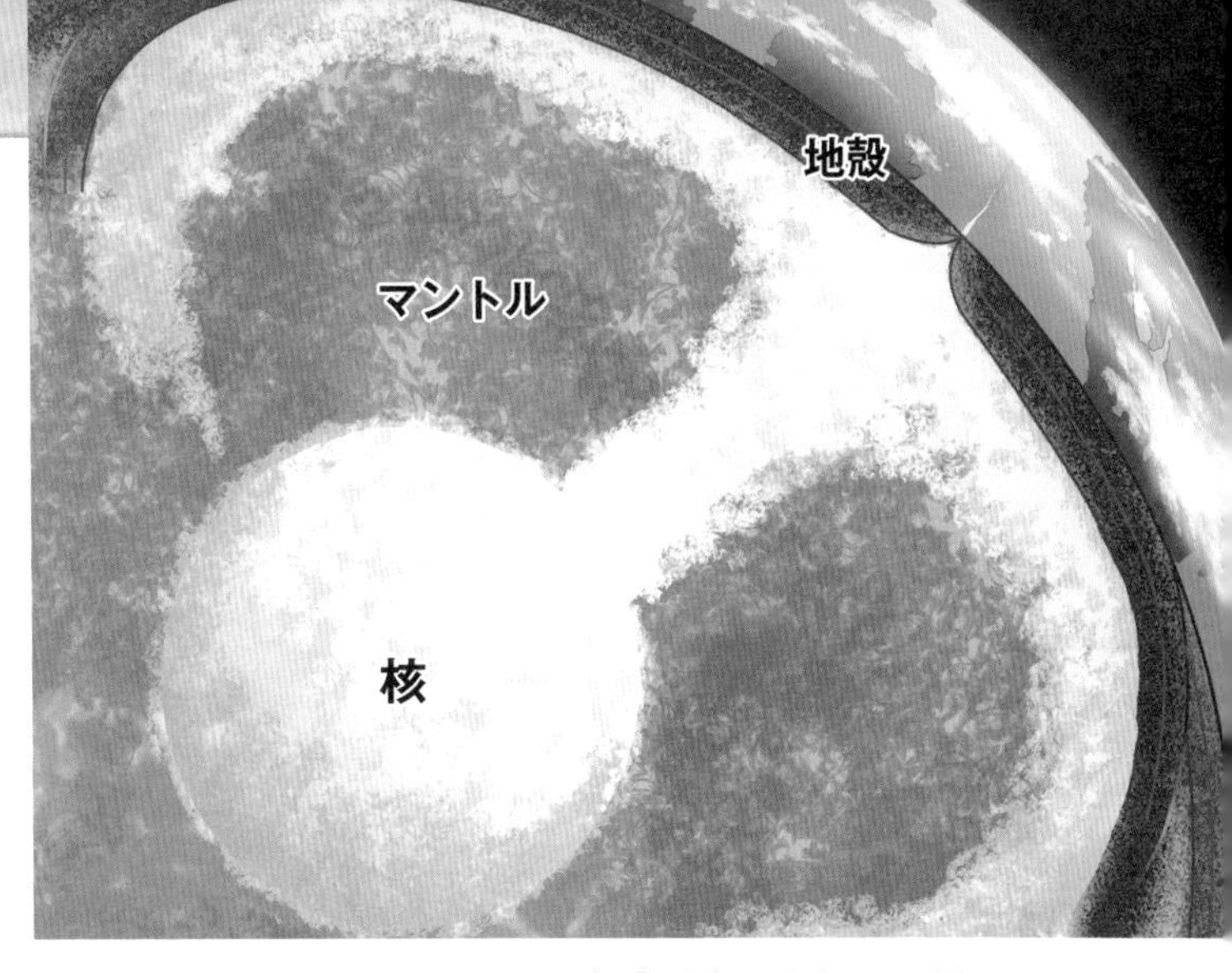

▲地球内部の、高温高圧の世界のイメージ。「地殻」と呼ばれる地球表面の下には、「マントル」という岩石の層があり、さらにその下には、鉄などがドロドロに溶けた「核」がある。

衝突した天体の破片も？

ほかにも、地球内部については、さまざまな新発見や仮説が提出されています。

たとえば、地球が形成されはじめた頃、火星ほどの大きさの天体が地球と衝突(しょうとつ)し、散らばったかけらから**月**ができたと考えられているのですが(70ページ参照)、そのときぶつかった**テイア**と呼ばれる天体については、まだ証拠が見つかっていません。しかし近年、「テイアの破片が、地球のマントルと核の間に残っているのではないか」という説が発表されました。

地球の内部構造は、とてもホットなテーマなのです。それも含めた、惑星としての地球の特徴は、第2章でたっぷり取り上げます。

03 知られざる太古の大陸

陸地の形は悠久の時の中で変化してきた!!

大陸は動く

現在の地球上には、6つの**大陸**があるといわれています。ユーラシア大陸、アフリカ大陸、北アメリカ大陸、南アメリカ大陸、オーストラリア大陸、南極大陸です（ただし、この分け方は絶対的なものではありません）。これらの姿は、地球儀や世界地図で見慣れていることと思います。

しかし、これらの大陸は、昔から今のような形で、同じ位置にあったわけではありません。

巨大で不動のもののように思われる大陸は、じつは、たえず少しずつ動いているのです。

なぜ動くのかというと、**地球内部の熱と圧力**のせいです。その熱と圧力が、**マントル**の流動などを引き起こし、大陸の移動につながっているのです。

幻の大陸を発見！

現在の6つの大陸ができる前には、地球上の陸地がまとまったり分裂したりをくり返した、長い歴史がありました。

2億5000万年前には、**パンゲア**と呼ばれ

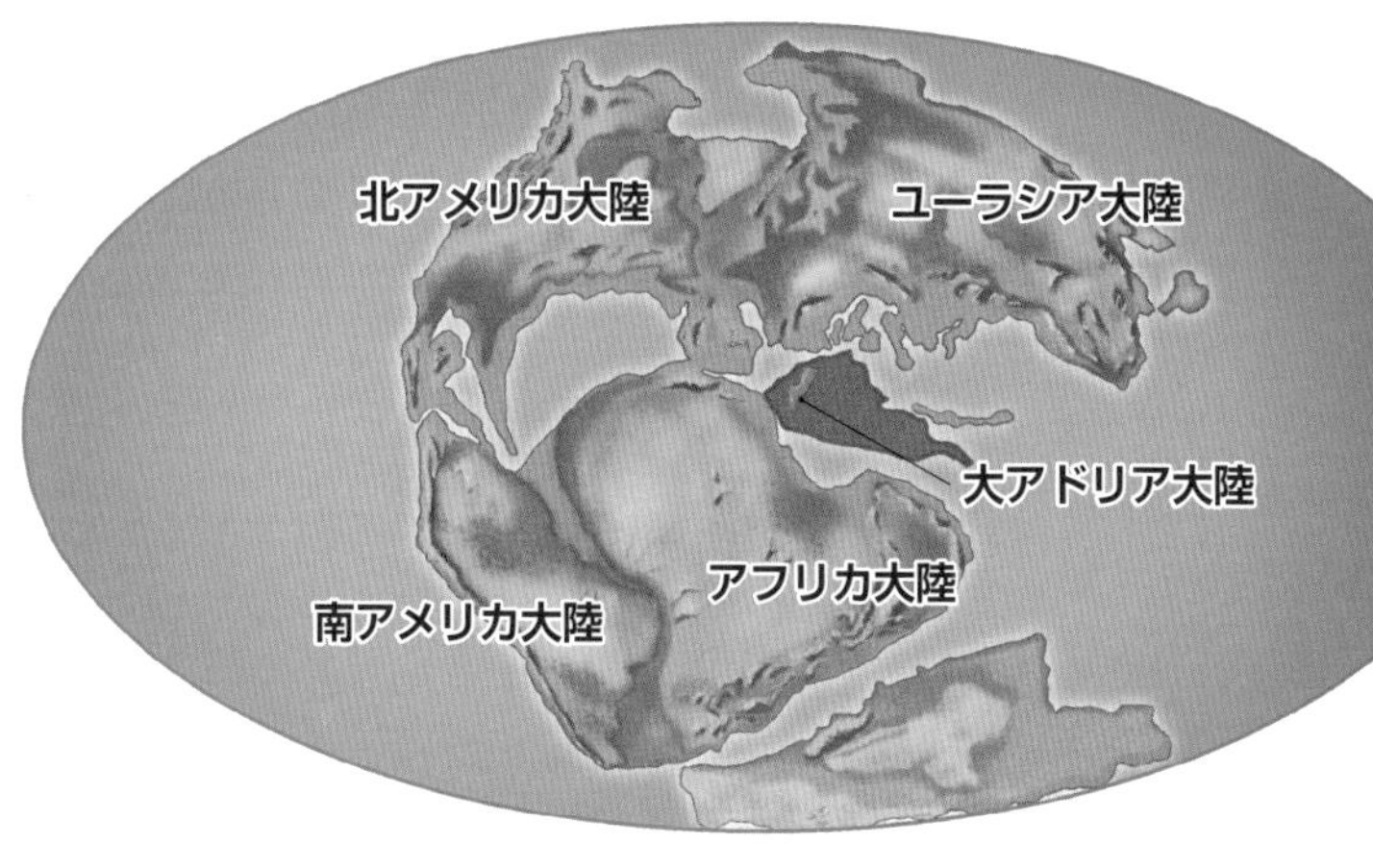

▲1億4000万年前の大陸の様子。「大アドリア大陸」の赤く塗られた範囲は、水面下の部分である。

る**超大陸**（非常に大きな大陸のことだと思ってください）があったことがわかっています。これが北の**ゴンドワナ大陸**と南の**ローラシア大陸**に分裂し、それらがさらに分裂して、現在の6大陸になっていったのです。

その分裂の中、地下に姿を消した、「幻の大陸」がありました。2019年、オランダのユトレヒト大学の研究グループが、現在の南ヨーロッパの下に沈み込んでいった大陸の形や位置をつきとめたのです。その失われた大陸は、**大アドリア大陸**と名づけられました。大アドリア大陸は、1億4000万年前頃、独立した塊になりましたが、そのほとんどは当時から水面下に沈んでいたようです。

大陸の移動を含めた、地球の形成の歴史は、第3章でくわしく紹介します。

04 生命誕生の謎に迫る

生き物が歩んだ38億年以上の歴史!!

奇跡の惑星

地球上に**生命**が生まれたのは、今から38億年以上前のことだとされます。その生命の流れが、幾度(いくど)もの絶滅(ぜつめつ)の危機を乗り越えて、今ここにいる私たちにつながっているのです。

生命の誕生以前も含めた、46億年に及ぶ地球の歴史の中で、もし何かがほんの少し違っていたら、私たちは存在しなかったかもしれません。

普段「当たり前」のものとして意識もしていませんが、地球は私たち生命にとって、奇跡の惑星なのです。

最初の生命とは?

たとえば私たちヒトの個体は、少なくとも今のところは、生物学的な父親と母親がいなければ生まれません。その父親と母親も、それぞれの親から生まれます。

その生命のつながりを、ずっとさかのぼっていくと、38億年以上前の「最初の生命」に行き着くはずです。その「最初の生命」は、どのように生まれたのでしょうか? じつはその謎は、まだ解明されていないのです。

生命の壮大な歴史は、第4章で扱います。

▲地球上の生命は、38億年以上前に誕生し、時間とともに枝分かれして「進化」してきた。

05

大地の秘密を解くカギがここに!!

新しい地質年代チバニアン

地球の歴史を区分

人類の歴史は、人類が残した記録や活動の痕跡によって研究され、「古代」や「中世」といった時代区分で記述されます。

しかし、人類以前の地球の歴史を研究するには、もっと長いスパンの時代区分が必要です。

そこで用いられているのが、**地質年代**です。岩石や地層に残っているさまざまな化石や痕跡をもとに、「この生物が存在したのは○○紀」「この痕跡があるのは○○世」といったふうに時代を区分しているのです。

千葉の地層が地質年代の名前に!

2020年、国際地質科学連合が、新しい地質年代を認定しました。

77万4000年前から12万9000年前までの、その地質年代の名は**チバニアン**。ラテン語で「千葉の時代」を意味します。千葉県市原市田淵にある地層から、その年代の境目がはっきり見て取れるということで命名されました。日本の地名にちなんだ名前が地質年代につけられるのは、初めてのことです。

この地質年代を特徴づけているのは、**地磁気**

逆転（ぎゃくてん）という不思議な現象です。

地磁気（ちじき）とは、地球がもつ**磁気**（じき）のことです。方（ほう）位磁石（いじしゃく）のN極は北を、S極は南を指しますが、それは地磁気のはたらきです（44ページ参照）。

じつはこの地磁気は、長い地球の歴史の中で、つねに一定ではありませんでした。過去に何回も、N極とS極が逆になっていたことがわかっています。

そして、今のところ地球史上最後となっている地磁気逆転が、チバニアンの始まりである77万4000年前に起こったのです。千葉県市原市田淵の地層を見ると、その痕跡がはっきりとわかります。

地質年代の話も含めた、地球の大地と海の秘密は、第5章でじっくり紹介していきます。

▲千葉県市原市田淵の「地磁気逆転地層」。「チバニアン」という地質年代の名称は、ここからつけられた。（画像提供：市原市教育委員会）

06

各国が研究を進める新技術!!

気象はコントロールできるのか

大気の状態から生じる現象

地球は**大気**に覆われており、その大気の状態によって、さまざまな**気候**や**気象**が生じます。なぜ地球上には、**熱帯**から**寒帯**まで、多様な気候があるのか。**台風**や**オーロラ**といった気象的現象は、なぜ発生するのか。こういったことも、地球にまつわる興味深い秘密です。

気候や気象は、あまりにスケールの大きなものであり、人間にはコントロールできないと考えられてきました。しかし近年、そこに踏み込んでいく動きが注目されています。

気象制御の研究

現在、人為的に雨や雪を降らせることを試みる**人工降雨**の研究が、各国で行われています。その主流は、自然にできた雨雲にはたらきかけて雨を降らせようというものです。

雨雲は、とても細かい水や氷の粒が集まってできています。その粒は、空気中の**水蒸気**が冷やされ、空気中のチリなどを芯にしてできたものです。そこにたとえば**ヨウ化銀**を加えると、その結晶が種になって雲粒を集め、雨粒を作って落ちていくことが期待できます。

▲「人工降雨」のイメージ。自然災害の軽減や、水不足の解消などへの貢献が期待されるが、地球環境に予想外の影響を与えかねないとの指摘もある。

2008年、北京オリンピックの開会式のために、この技術が利用されたといわれています。天気予報は雨でしたが、事前に雨雲にミサイルでヨウ化銀を撃ち込み、先に雨を降らせきって、開会式を晴天にしたというのです（ただし、結果的に開会式は晴天になったものの、その試みが科学的に検証されて成果が認められたわけではありません）。

中国政府は、2025年までに国土の5割以上で人工降雨技術を活用する計画を立てています。アメリカや日本でも人工降雨の研究は進んでおり、韓国やアラブ首長国連邦などでも実験が行われています。ただし、雲のないところに雨を降らすような、天気を思いどおりにコントロールするほどの技術は、現在は存在しません。

気候や気象の話題は、第6章で取り上げます。

これからの地球と人類のキーワード!!

人新世とSDGs

人間活動と地球環境

地球の上で誕生し、地球によって生かされてきた私たち人類は、ある時期から、地球上の自然にはたらきかけ、環境を変化させるようにもなりました。

農耕は、1万年ほど前（諸説あります）に西アジアで始まったとされますが、自然の中でさまざまな生物たちがバランスを取っていた**生態系**に影響を及ぼし、環境にダメージを与えました。太古の昔から、人間の活動には、環境破壊の要素が含まれていたといわざるをえません。

環境破壊は止められるのか？

特に18世紀後半に始まった**産業革命**以降、人類は、**石油**や**石炭**といった**化石燃料**（144ページ参照）を燃やすことで膨大なエネルギーを手に入れ、利用してきました。

化石燃料を燃やすと、**二酸化炭素**が排出されます。地球の大気中の二酸化炭素濃度はどんどん高まり、**温室効果**（56ページ参照）による**地球温暖化**をもたらしました。

地球の温度が上がると、各地の気候が変わって生態系が破壊されたり、南極などの氷が解け

▲「二酸化炭素」をはじめとする「温室効果ガス」の排出は、地球に深刻な「気候変動」(地球温暖化)をもたらしている。この危機をどのようにして乗り越えるかが、これからの時代の大きな課題になる。

て海面が上昇したりします。人類も含めた、地球上のあらゆる生き物に、破滅的なダメージがもたらされると予想されます。

ほかにも、人類はさまざまな環境破壊を続けています。そのことに対する危機感から、「人類の活動の影響は、地質学的なレベルにまで及び、現在の地球は**新しい地質年代**に入ってしまっているのではないか」との考え方が、近年注目されています。その新しい地質年代は**人新世**(じんしんせい)と呼ばれ、時代のキーワードになっています。

そして、そんな危機的状況も踏まえて、地球と人類の未来を守るために掲(かか)げられたのが、**SDGs**(エスディージーズ)と呼ばれる国際的な目標です。この言葉も、毎日のようにニュースに登場しています。

人新世やSDGsなど、地球環境の現在と未来に関する話題は、第7章で扱います。

COLUMN 

●生態系とは何か

28ページに、**生態系**という言葉が出てきました。これは地球上の生命について考えるときに欠かせない、とても大事な概念です。

生態系とは、ある一定の場所に生息して互いにかかわり合っている生物たちと、その場所の環境をひとまとめに見たものです。

たとえば、微小な生物たちがいる小さな水溜まりもひとつの生態系ですし、その水溜まりを含む森も、より大きな生態系です。

生態系の中には、**食物連鎖**と呼ばれる、食べる生物と食べられる生物との関係があります。

食物連鎖の中では、太陽のエネルギーを受けて、**植物**が**光合成**を行い、成長します。この役割を**生産者**といいます。

このような植物を、❶**植物食性動物**（かつて草食動物と呼ばれていた、植物だけを食べる動物）が食べます。この植物植生動物を、❷**肉食動物**や**雑食動物**が食べます。これらをそれぞれ、❶**1次消費者**、❷**2次消費者**と呼びます。

さらに3次消費者、4次消費者とつながっていきますが、ほとんどの場合、食べたり食べられたりの関係は複雑にからみ合っています。そのからみ合いを、**食物網**といいます。

植物や動物が死ぬと、**菌類**がそれを分解していきます。この役割は**分解者**と呼ばれます。

安定した生態系の中では、すべてが絶妙なバランスで存在しています。ですから、人間活動の影響でちょっとした変化が起こっただけでも、生態系が壊れる危険性があるのです。

第2章 地球とはどんな星なのか

01 宇宙の中の地球

はてしない広がりの中に存在する惑星

太陽系と地球

この章では、地球はどのような星なのか、その基本的な特徴を紹介していきます。

地球は、**太陽系**(たいようけい)の中にある**惑星**のひとつです。「太陽系」とは、**太陽**という**恒星**(こうせい)(自分で光を放つ天体)を中心とする、多くの天体の集まりです。太陽系の天体たちは、太陽の**重力**の影響を受けて、太陽のまわりを回っています。そのような運動を**公転**(こうてん)といいますが、太陽のまわりを公転する天体のうち、一定の条件を満たしているものが、太陽系の「惑星」と呼ばれます。

広大な宇宙の中で

太陽系の外にも、宇宙ははてしなく広がっています。

太陽のような恒星などは、何千億個も集まって、**銀河**と呼ばれるまとまりを作っています。夜空に見える「天の川」も銀河のひとつで、この**天の川銀河**を、特に**銀河系**とも呼びます。

太陽系は天の川銀河の中に存在します。私たちは、天の川の中から天の川の星々を眺めているのです。

銀河が数十個程度集まったものを**銀河群**、数百から数千も集まったものを**銀河団**と呼びます。そしてそれらがさらに集まって、**超銀河団**という大構造を形作っています。

▼現在、「太陽系」には８個の「惑星」があるとされている。地球は、太陽に近いほうから数えて３番目の惑星なので、「太陽系第３惑星」と呼ばれる。

02

地球の公転と自転

「一年」も「一日」も地球の回転から生まれる

猛スピードの公転と自転

太陽系は、46億年前、円盤状に回転するガスやチリから作られました（66ページ参照）。その回転を引き継いで、今も地球は回転しています。摩擦など、回転を止める力がほとんどはたらかないので、回りつづけているのです。

地球は太陽のまわりを、約３６５日かけて１周します。その**公転**は、秒速約30キロというすさまじい速さです。また地球は、自分自身でもコマのように回転しており、その**自転**のスピードは秒速約４７２メートルです。

昼夜と季節がある理由

地球が自転しながら太陽のまわりを公転するとき、太陽のほうを向いている半分が、太陽の光を受けて**昼**になります。もう半分が**夜**です。23時間56分で１周する自転と、公転による位置関係の変化を合わせて、地球の「一日」は現在、約24時間となっています。

地球が自転する軸（**地軸**）は、公転軌道に対して、**23・４**度傾いています。そのため、一年を通して太陽から受け取るエネルギーの量に違いが生まれ、**季節**の変化が生じるのです。

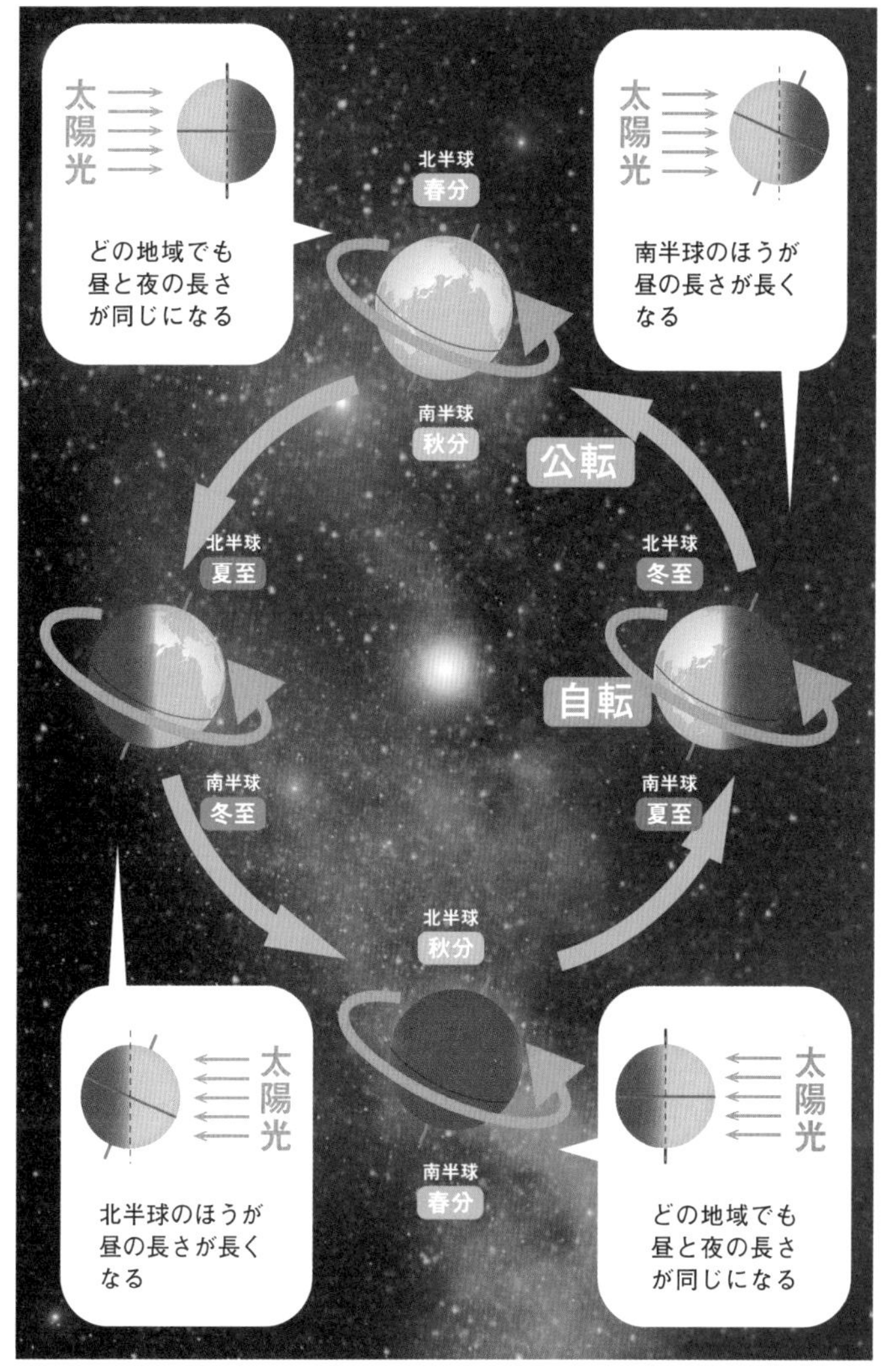

▲地球の自転軸（地軸）は、公転軌道に対して傾いているため、「自転軸の傾きの方向」と「太陽光が地球に降り注ぐ方向」とがなす角度が変化し、それが上図のような季節の違いを生む。

夏が暑いのはなぜか

「夏が暑いのはなぜか」を考えてみましょう。左図の左側を見てください。

北半球が**夏至**（昼が一番長いとき）の頃、北半球の、たとえば日本には、高い角度から太陽光が降り注ぎます。その分、地表に当たる光が密集して、単位面積あたりの受け取るエネルギーが大きくなります。昼の長さもあいまって、北半球があたためられていき、少しのタイムラグを経て暑い夏になるのです。

「冬が寒いのはなぜか」も、同じ考え方でわかります。左図の右側を見てください。太陽光が低い角度で降り注ぐせいで、地表に当たる光が拡散して、あまりあたたまらないのです。

自転軸の傾きも変化する

自転の速さや自転軸の傾きは、偶然に左右されて決まると考えられています。もし、地球の自転軸がもっと倒れて、公転面と水平に近くなっていたら、夏と冬の差がもっと激しく、地球上の生命にとっては厳しい環境になっていたことでしょう。

また、じつは地球の自転軸の傾きは、完全に固定されているわけではありません。太陽や月など、ほかの天体の引力から影響を受けて、約2万6000年の周期で、円を描くように向きを変えています（**歳差運動**）。勢いを失いかけたコマが、軸を傾かせながら回る「首ふり運動」に近いイメージだといえるでしょう。

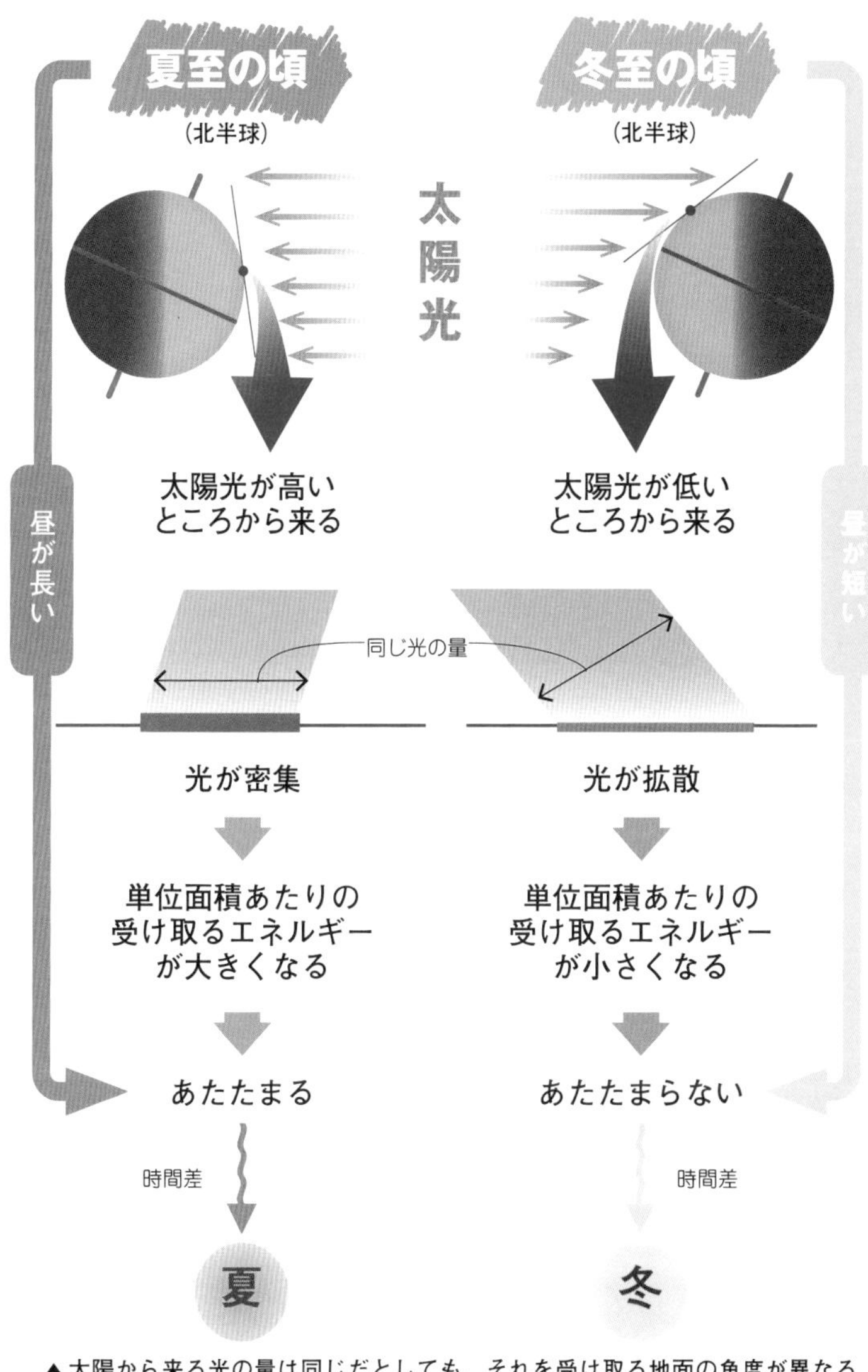

▲太陽から来る光の量は同じだとしても、それを受け取る地面の角度が異なると、地面のあたためられ方に差が出る。その差が、季節の違いの原因になる。

03

太陽からの光を受ける角度がポイント!!

北極・南極と赤道

北極と南極

地球の自転軸（**地軸**）と地球の表面が交わる点を、**北極点**（ほっきょくてん）と**南極点**（なんきょくてん）といいます。

北極点は地球の「北」の端であり、その周辺は**北極**（ほっきょく）と呼ばれます。南極点は地球の「南」の端で、**南極大陸**（なんきょくたいりく）上にあります。

北極や南極は、非常に寒い氷の世界です。なぜなら、太陽からの光と自転軸との角度の関係で、夏でも日光が斜めにしか当たらないからです。その日光も、氷ではね返されてしまいます。南極のほうが標高（ひょうこう）が高いため、より低温です。

赤道と緯度

北極点と南極点を地球の「両端」とすると、その「真ん中」に引いた線が**赤道**（せきどう）です。

正しく述べると、地球の中心を通って、自転軸に垂直な面を考え、その面と地球の表面とが交わる線を赤道といいます。

赤道は、北極点や南極点とは逆に、太陽の光を最も高い角度から強く受けるため、とても暑くなります。

また、地球上のいろいろな地点について、「赤道から南北方向にどれだけ離れているか」を、

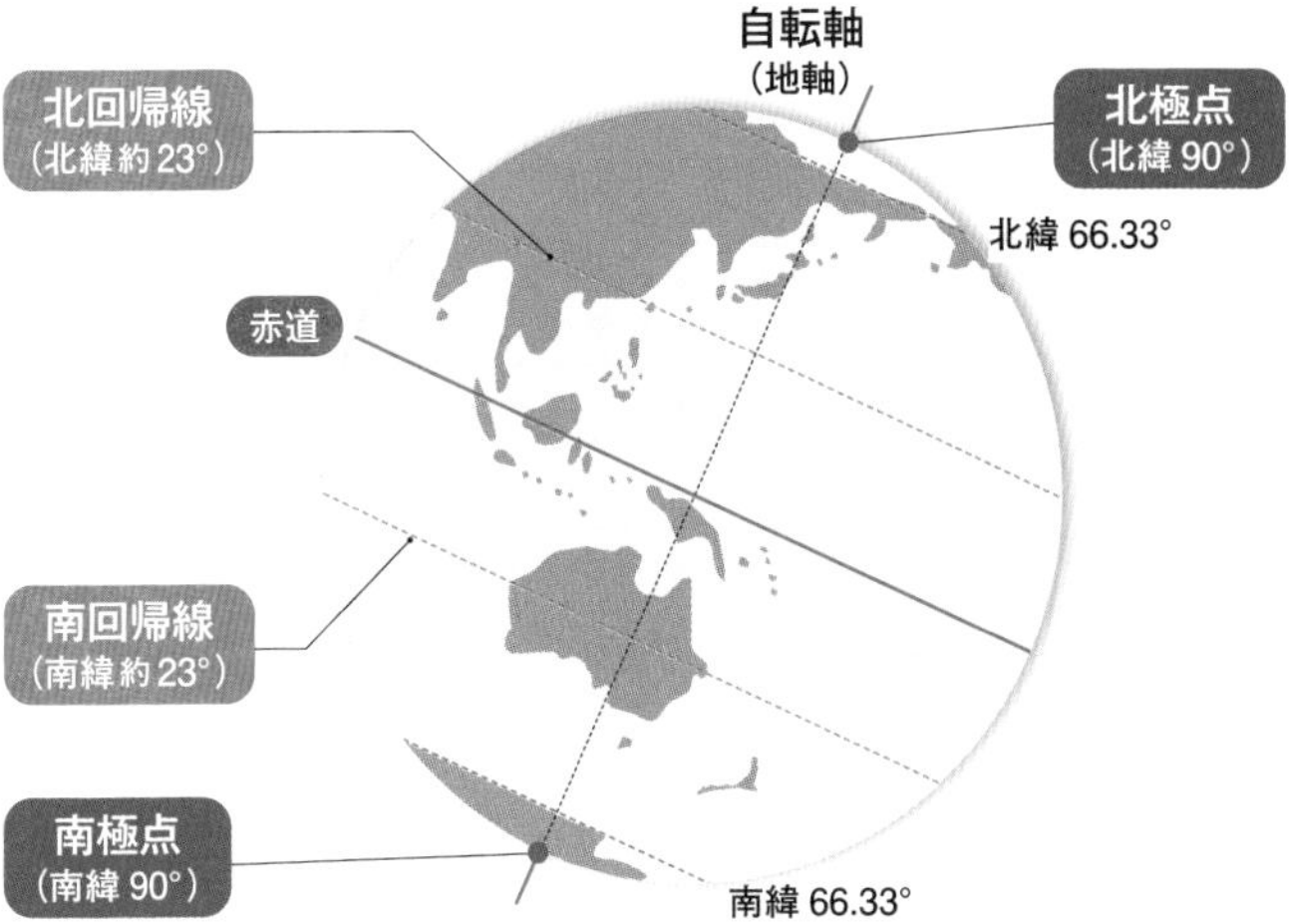

自転軸
（地軸）

北回帰線
（北緯約23°）

北極点
（北緯90°）

北緯 66.33°

赤道

南回帰線
（南緯約23°）

南極点
（南緯90°）

南緯 66.33°

▲北緯66.33°より北を「北極圏」、南緯66.33°より南を「南極圏」という。それらの地域は、夏には地球が自転してもずっと太陽が当たる側にあるため、深夜でも太陽が沈まず、これを「白夜」（「びゃくや」とも読む）という。逆に、冬には一日中太陽が出ず、これを「極夜」という。

緯度という尺度で表します。

赤道の緯度は0度です。赤道から北側を**北半球**といいますが、北半球の緯度は**北緯**といい、端は北極点の北緯90度です。赤道から南側の**南半球**における緯度は**南緯**といって、端は南極点の南緯90度です。

緯度が低い地域のほうが、太陽光が高い角度から当たります。特に赤道から南北に約23度までの範囲は、日中に真上から太陽が照りつける日があります。その範囲の北の端を**北回帰線**、南の端を**南回帰線**といいます。

地球は自らの重力によってほぼ球形になっていますが、極方向の半径は約6357キロ、赤道方向の半径は約6378キロと、赤道付近がややふくらんだ楕円体です。これは、自転の遠心力が原因となっているのです。

04

地球は何層もの大気で覆われている

地球と宇宙との境目

対流圏と成層圏

地球のまわりには、地球の重力によって引き寄せられた**大気**（主成分は**窒素**と**炭素**）が存在し、地球と宇宙との境目を形作っています。大気の層はいくつかに分けられており、地表から離れるほど、大気は薄くなっていきます。

地表から12キロくらいまで（場所によって異なります）を、**対流圏**といいます。大気の総量の半分ほどがここにあり、活発に対流して、さまざまな天気を生み出しています。雲が存在するのはこの対流圏です。この範囲では、高度が増すほど低温になっていきます。

その上方、高度50キロくらいまでを、**成層圏**といいます。雲の上の領域であり、航空機や観測気球はここを飛んでいます。この範囲では、高度が増すほど温度が上がっていきます。

成層圏には**オゾン層**があり、太陽から来る有害な紫外線を吸収してくれています。

中間圏・熱圏・外気圏

さらに上方、高度85キロくらいまでは**中間圏**と呼ばれ、高度が増すほど温度が下がります。

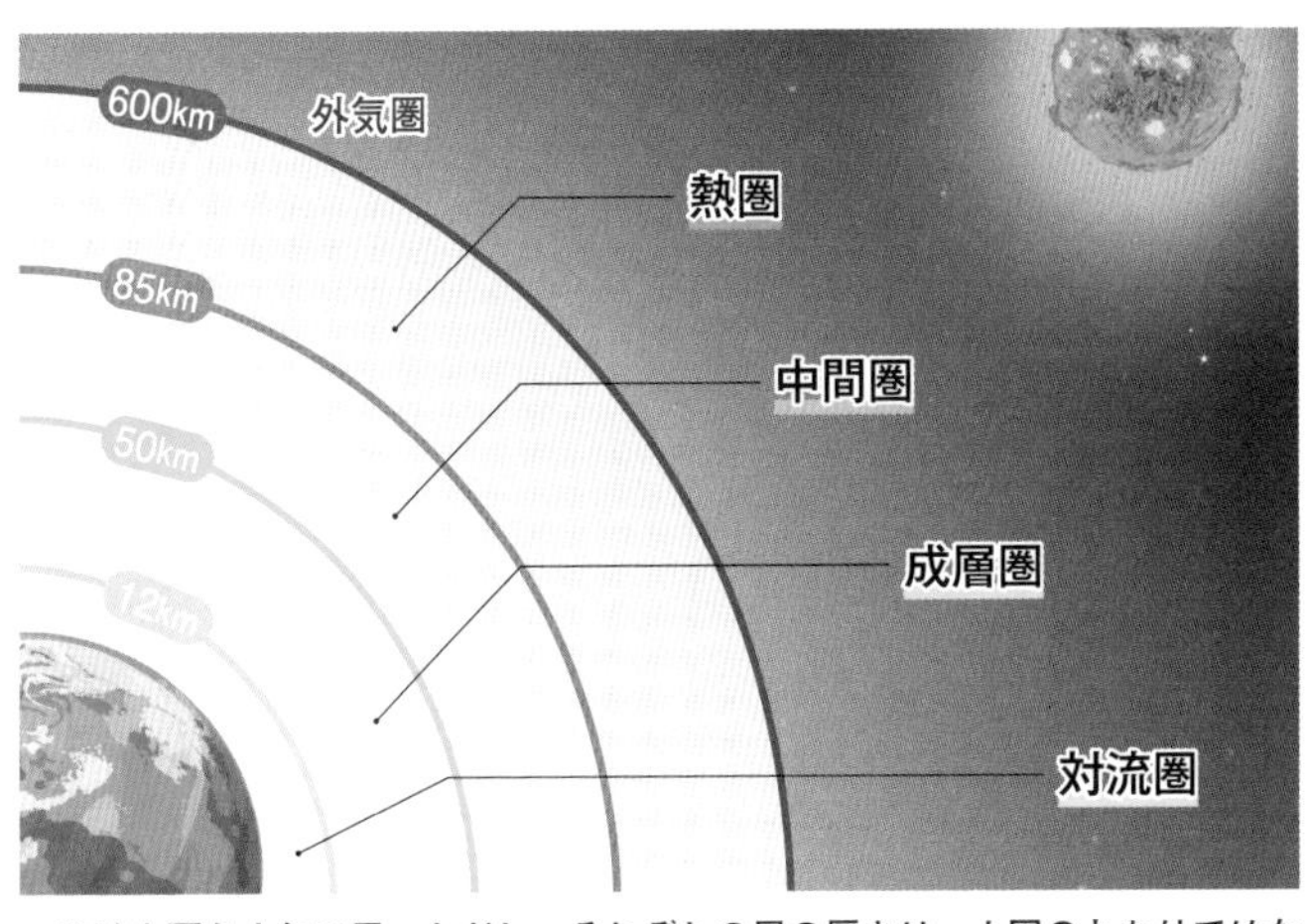

▲地球を覆う大気の層。ただし、それぞれの層の厚さは、上図のとおりではない（実際は「熱圏」が非常に厚いが、ここでは図示しやすいように簡略化している）。

高度85キロくらいから600キロくらいまでは**熱圏**といいます。ここでは、太陽からやってくる**太陽風**と呼ばれる**プラズマ**（電気を帯びたガスだと思ってください）に含まれる粒子が、酸素や窒素の原子と衝突して、熱エネルギーを発生させています。そのため、高度が増すほど温度が上がり、セ氏2000度にも達します。

ただし、**国際宇宙ステーション**などは、燃えることなくこの熱圏を飛んでいます。ものが燃えるために必要な空気自体が、ここにはもうほとんど存在しないからです。

熱圏の外は**外気圏**と呼ばれ、宇宙空間へとつながっていきます。ただし、「地球と宇宙の境界」は、明確に定義されているわけではありません。**NASA**（**アメリカ航空宇宙局**）では便宜的に、高度100キロを境界としています。

05

高温高圧の世界が広がっている

地球の内部構造

地殻・マントル・核

地球の内側、地面の下の構造を、くわしく見てみましょう。

私たちに見えている地球の表面である**地殻**(ちかく)は、軽い岩石でできています。陸では30～40キロほど、海では6キロほどの厚さしかありません。

地殻の下には、重い固体の岩石でできた**マントル**があり、地球の体積の80パーセントあまりを占めます。地殻とマントルの境目は、**モホロビチッチ不連続面**といいます。

2900キロほどの厚さをもつマントルは、密度などの違いから、外側の**上部マントル**と、内側の**下部マントル**に分けられます。

マントルのさらに下にあるのは、鉄を主成分とする**核**(かく)です。核とマントルの境界を、**グーテンベルク不連続面**といいます。

核の中でも外側のほうは**外核**(がいかく)と呼ばれます。外核では、高温で溶けた金属が液体状になっています。

核の中でも内側のほう、地球の中心部は**内核**(ないかく)といいます。太陽の表面にも匹敵するセ氏6000度という超高温でありながらも、圧力も400万気圧と非常に高いため、内核は固体になっています。

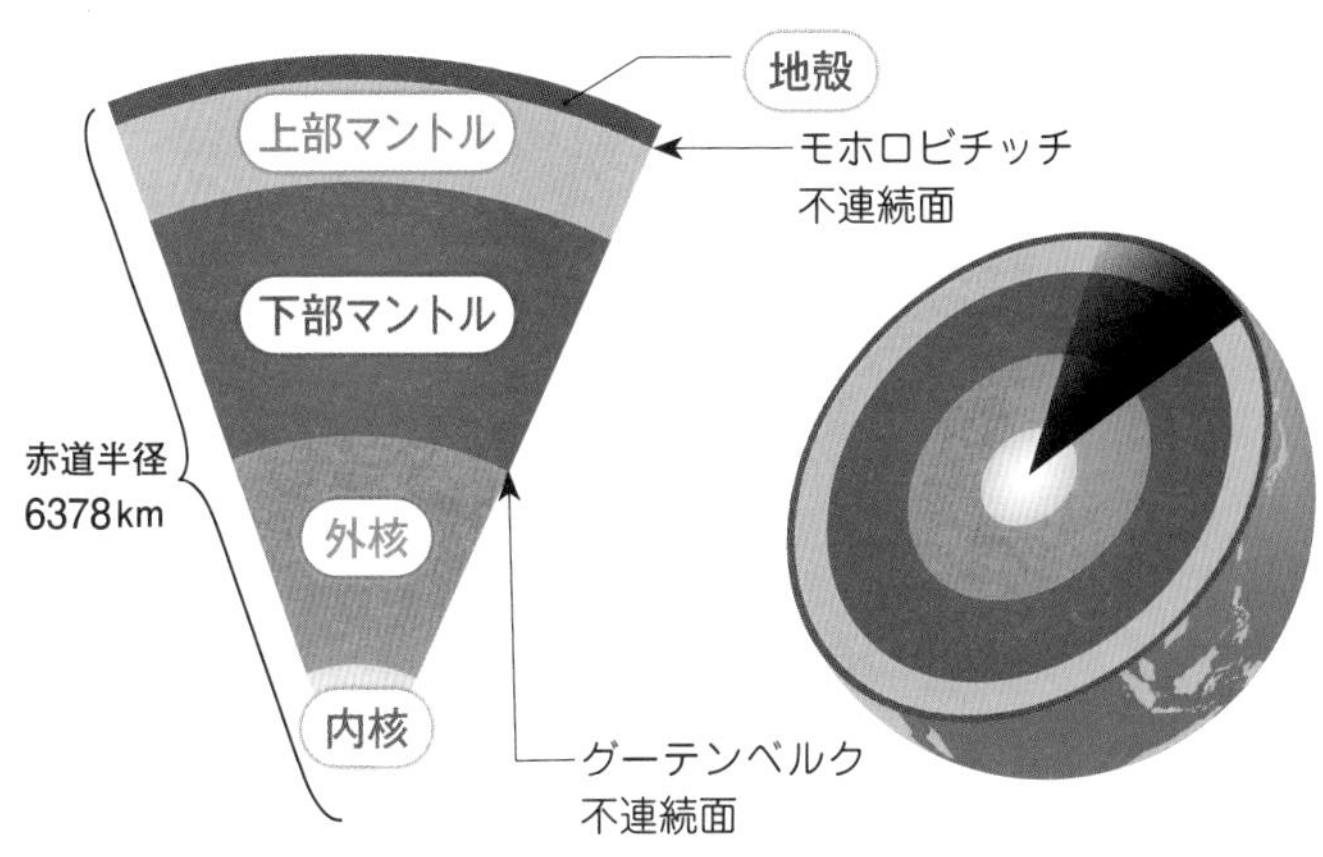

▲地球の奥深くに存在する「核」は、地球誕生後間もない頃に溜め込んだ熱や、放射性元素から放出される熱エネルギーによって、セ氏6000度もの高温になっている。

マントルがマグマになる

マントルは固体のまま、核からの熱と高圧のため、まるで液体のように流動しています。これを**マントル対流**（たいりゅう）といいます。

「地球の内部には、真っ赤なマグマが詰まっている」というイメージをもっている人も多いと思いますが、火山などから噴出する**マグマ**とは、マントルが溶けて液体になったものです（160ページ参照）。

おもに上部マントルを作っている**かんらん岩**という岩石自体は、赤くはありません。これがマントル対流で上昇すると、一部が溶けて、赤いマグマになります。そして、地表に近づくにつれて、マグマになる割合が増えていくのです。

06

地球は大きな磁石だった!!

地磁気と北磁極・南磁極

地球のN極とS極

方位磁石のN極が北を指すのは、地球が**磁気**をもっているためです（25ページ参照）。

では、その**地磁気**はなぜ生じるのかというと、地球内部の**外核**で、液体の金属が渦を巻くように流動しているからです。金属の流動が電流を生み、その電流から磁気が発生するのだと考えられています。

地磁気をもつ地球は、巨大な磁石だといえます。磁石には**N極**と**S極**があります。Nは「north」（北）、Sは「south」（南）の頭文字なので、「地球のN極は北極点で、S極は南極点だ」……と、ついつい思ってしまいそうですが、そうではありません。

まず、地球を磁石として見た場合、**北極側がS極**で、**南極側がN極**です。

方位磁石のN極が北を指すのは、北極側と引き合っているからです。磁石では、**N極とS極が引き合います**。ですから、北極側はS極でなければなりません。同じ理屈で、南極側はN極だということになります。

また、地球を磁石として見たときの端の地点は、**北磁極**と**南磁極**といいます。これらは、少しだけ難しい表現をしますと、「地磁気を表す

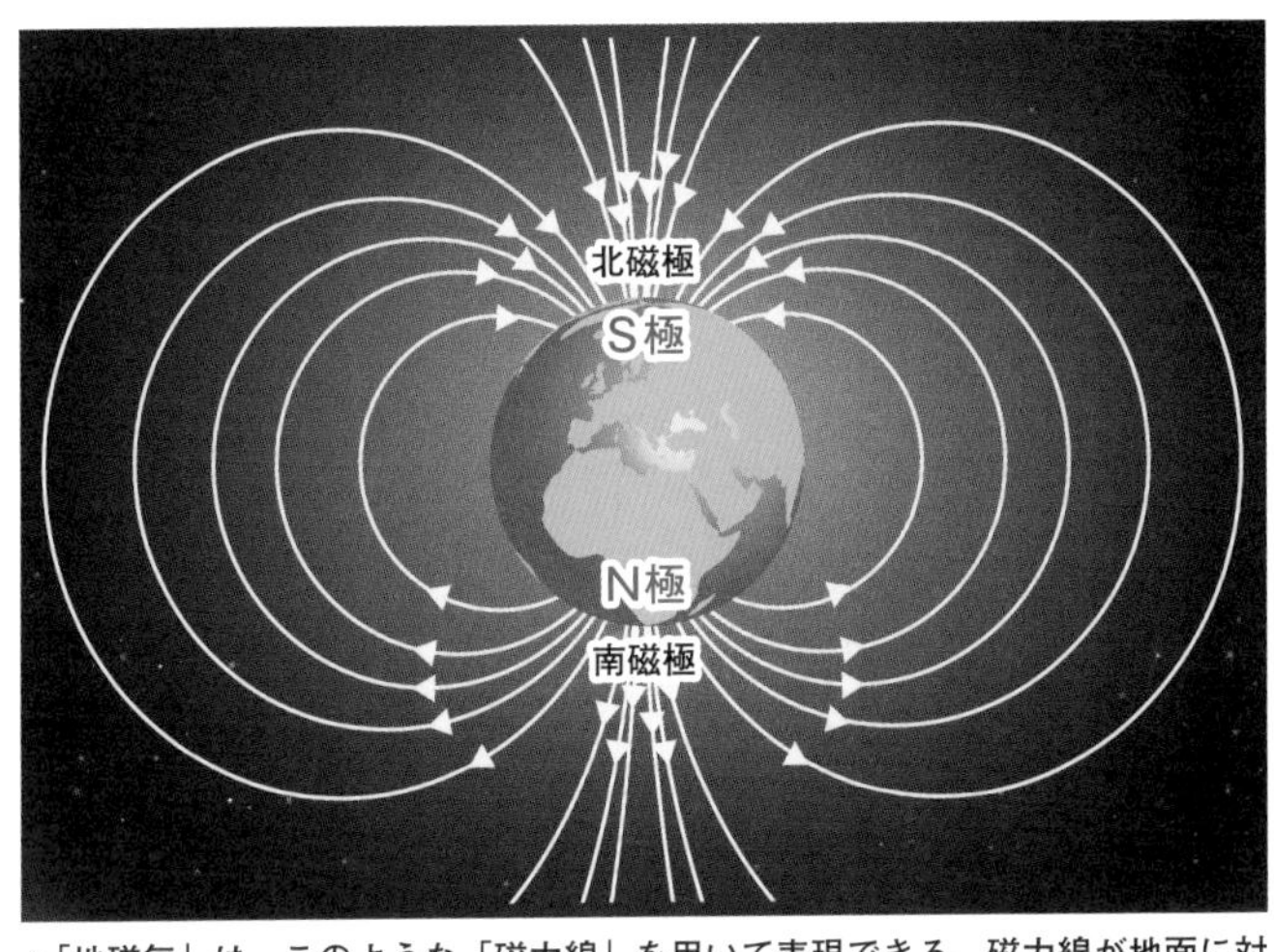

▲「地磁気」は、このような「磁力線」を用いて表現できる。磁力線が地面に対して垂直になる地点を、「北磁極」と「南磁極」という。

磁力線が、地面に対して垂直になっている点」です（上図参照）。そしてこの**北磁極・南磁極は、地球の自転軸（地軸）と地球表面との交点である北極点・南極点と、一致しません。**地球の磁石としての向きは、自転軸から微妙にズレているのです。

地磁気は変化する！

さらに面白いことがあります。**北磁極と南磁極は、位置が変動する**のです。特に北磁極は、近年、動きを加速させているといいます。

それだけではありません。1830年代から、世界中で地磁気の観測が続けられているのですが、**地磁気はだんだん弱まってきています。**こ

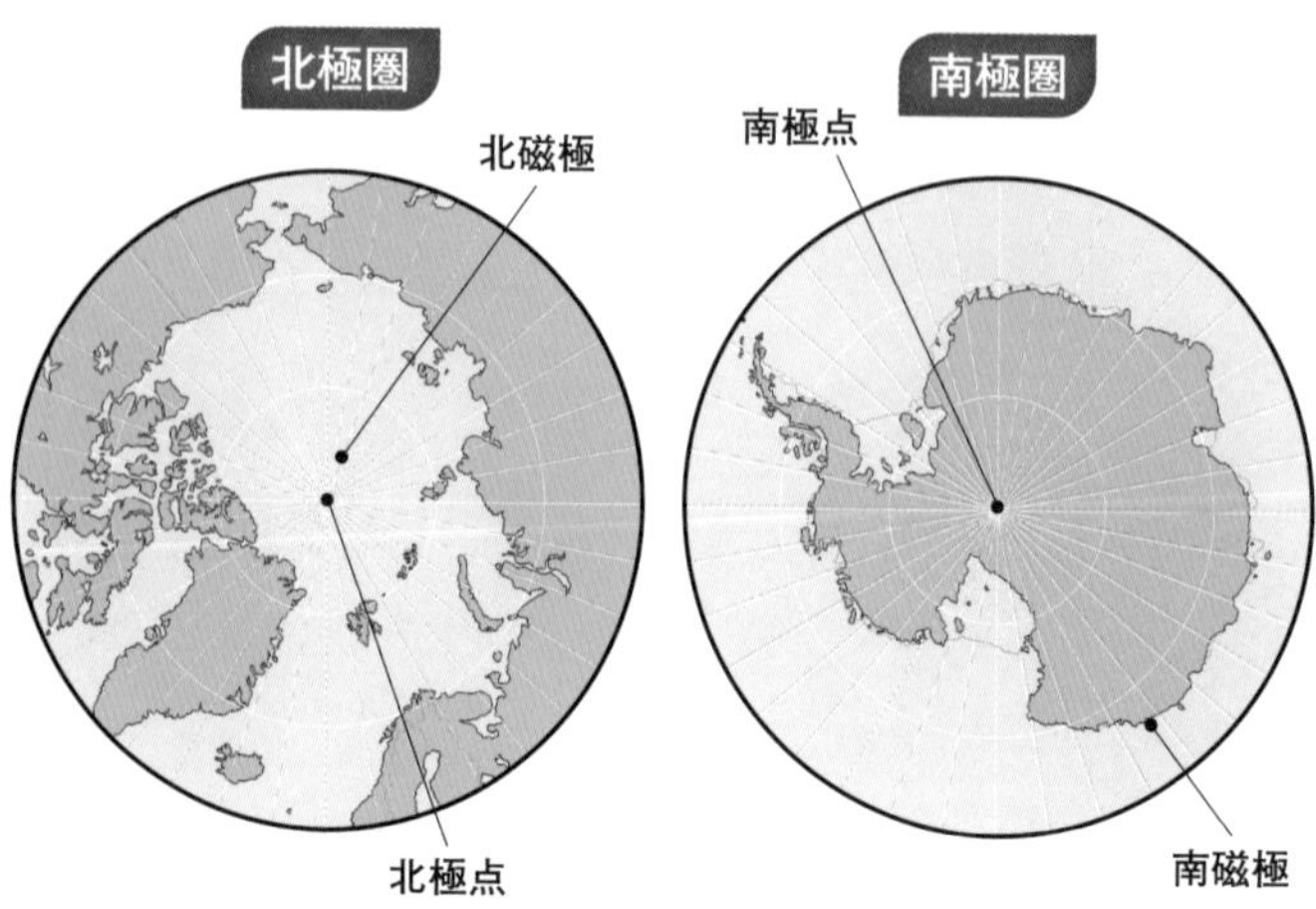

▲「北磁極」「南磁極」は「北極点」「南極点」からズレており、しかも、たえず移動している。南磁極と南極点とのズレの大きさが目立つが、移動のスピードは北磁極のほうが大きい。

のままだと、1000～2000年後には、地磁気がゼロになってしまうと予測されます。

　このように、地磁気の形や強さが変化しつづけることを、**地磁気永年変化**（ちじきえいねんへんか）といいます。

　地磁気は、**太陽風**（41ページ参照）などの影響を緩和し、地球を守ってくれるバリアになっています。地磁気が小さくなると、そのバリアが弱まるわけですから、太陽風などの影響が大きくなり、文明や生態系が大きなダメージを受ける可能性があります。

地磁気逆転

　地球の歴史の中では、これまでに何度も、地磁気のN極とS極が逆転していることがわかっ

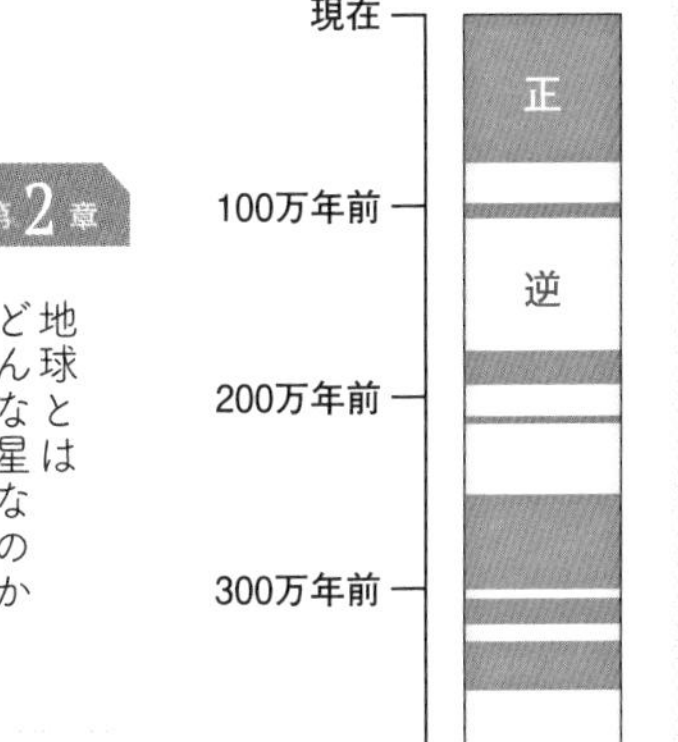

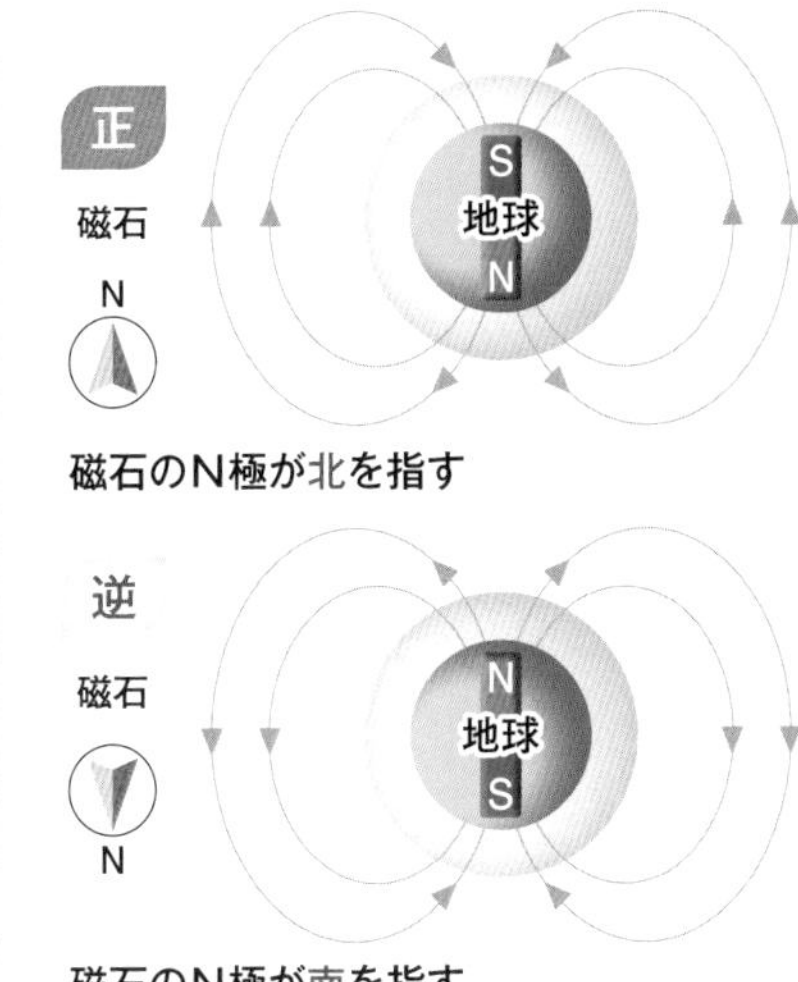

▲「地磁気」は一定ではなく、形状や強さが変化しつづけており、地磁気の向きが逆になる「地磁気逆転」も、過去に何度も起こっている。

ています。**地磁気逆転**です（24ページ参照）。

地磁気逆転は、日本の地球物理学者**松山基範**（1884～1958年）が、1929年に発見しました。原因は十分に解明されていませんが、まず地磁気が弱まり、ゼロになったのちに、逆の磁気を帯びるようになります。

地磁気逆転の証拠は、地層や岩石に刻み込まれています。77万4000年前の地磁気逆転について、その証拠をよく見て取れるのが、第1章で紹介した千葉県市原市田淵の地層です。

人類が文明を築いてからは、地磁気逆転はまだ一度も起こっていません。しかし、長い地球の歴史の中では、人類の歴史など、まばたきほどの短い時間にすぎないのです。1000年後、人類がまだ栄えていたら、初めて地磁気逆転を経験することになるかもしれません。

07

大陸移動説

世界地図のパズルに気づいたヴェーゲナー

ヴェーゲナーの発見

世界地図の南アメリカ大陸と、アフリカ大陸を見てください（左図参照）。

南アメリカ大陸の東側の海岸線と、アフリカ大陸の西側の海岸線が、ジグソーパズルの隣り合うピースのように、同じ形をしているように見えませんか？

1910年、このことにふと気づいたのは、ドイツの気象学者**アルフレート・ヴェーゲナー**（1880〜1930年）でした。彼は気球を使った気象観測などで注目される研究者でした。

▲ヴェーゲナー。

ヴェーゲナーは、南アメリカ大陸とアフリカ大陸の形から、大胆にも、「ふたつの大陸は、もともとひとつだったのではないか」と推論しました。ひとつの大陸が、長い時間の中で分裂して移動し、ふたつの離れた大陸になったというのです。

ヴェーゲナーは1912年、「大陸は移動する」という**大陸移動説**（たいりくいどうせつ）を学会で発表しました。1915年にはその説を、『**大陸と海洋の起源**』という本にまとめています。

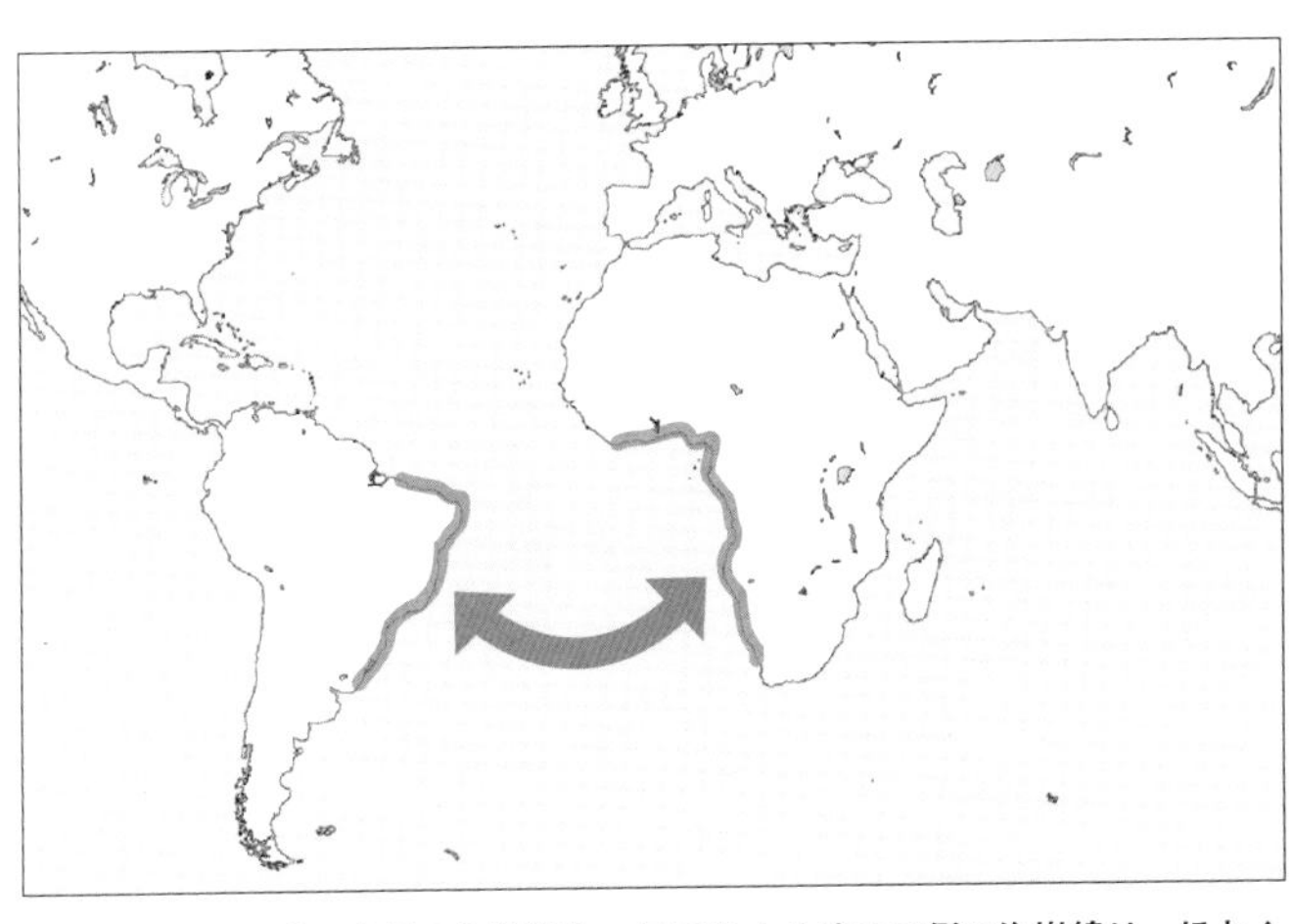

▲南アメリカ大陸の東側の海岸線と、アフリカ大陸の西側の海岸線は、ほとんど同じ形をしているように見える。ヴェーゲナーはこのことから、「大陸移動説」を発想した。

超大陸パンゲア

ヴェーゲナーが調査を行ったところ、絶滅した生物の生息域や、かつての氷河地帯の分布が、世界各地の大陸にまたがっていることがわかりました。

ここからヴェーゲナーは、「世界中の大陸は、大昔には、ひとつにつながっていたはずだ」というさらに壮大な結論を導き出し、１９２９年に発表しました。かつて存在したはずのその**超大陸**（ちょうたいりく）は、**パンゲア**と名づけられました。

しかしヴェーゲナーは、**大陸を動かす原動力**をつきとめることはできませんでした。専門外の分野だったこともあり、ヴェーゲナーの説は当時、ほとんど相手にされませんでした。

08

大陸を動かす力の源は？

プレートテクトニクス理論

海洋底拡大説

20世紀前半、**大陸移動説**の支持者は多くはありませんでした。１９３０年に**ヴェーゲナー**が亡くなったこともあり、しばらくの間、この説に関する進展は見られませんでした。

しかし１９５０年代から60年代にかけて、岩石に刻まれた過去の**地磁気**を調べる**古地磁気学**や、**海洋底の観測**が発達すると、状況が変わってきます。動かないものと考えられていた海底が、たえず新しく生み出されて広がっていることがわかったのです。

この**海洋底拡大説**の登場により、大陸移動説は再び注目されるようになりました。そして１９６０年代以降、大陸移動の原動力を説明する**プレートテクトニクス理論**が構築されていくのです。

プレートとその動き

プレートテクトニクス理論は、地球のダイナミックな動きを扱う基礎理論として、現在広く認められているものです。

「プレートテクトニクス」の**プレート**とは、地

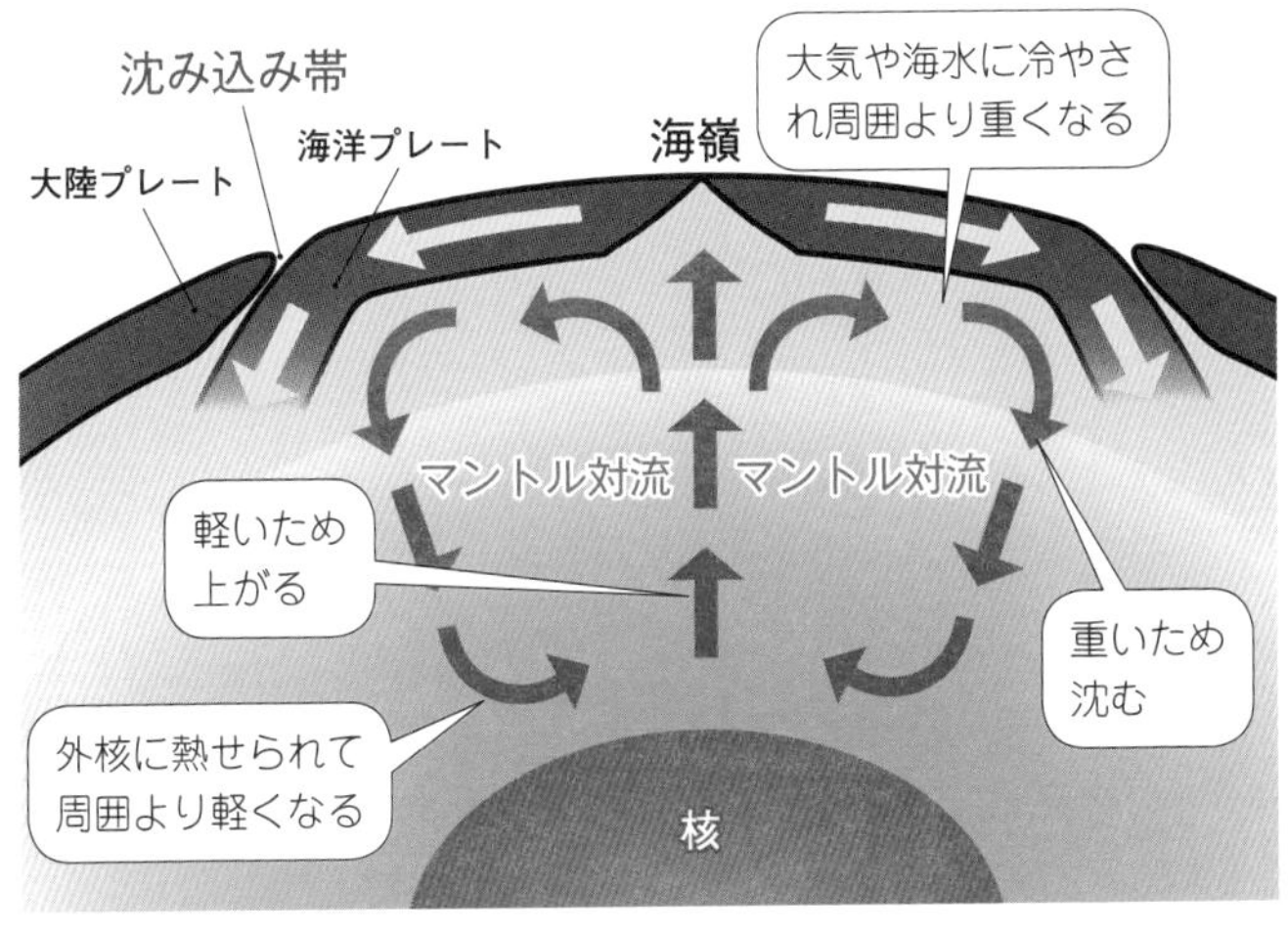

▲「マントル対流」と「プレート」の移動の模式図。大陸は、プレートの上に乗って移動する。

球の表面、**地殻**と**上部マントル**の一部を合わせたものです。

そのほとんどは、海の底にある地殻の裂け目、**海嶺**から生まれてきます。地球内部の**マグマ**が海嶺から噴き出して、冷やされて固まり、プレートになるのです。プレートとなるマグマは、**マントル対流**（43ページ参照）の一部が上昇してきたものです。

生み出されたプレートは、地球表面を動いていきます。だからこそ、プレートの上に乗っている大陸も移動するのです。

では、プレートを動かす力とは、どのようなものなのでしょうか？

プレートの移動に、最も強く影響しているとされるのは、**スラブ引っ張り力**と呼ばれるものです。その力について説明しましょう。

プレートには、比較的密度が高くて重い**海洋プレート**と、密度が低くて軽い**大陸プレート**の2種類があります。

海洋プレートと大陸プレートが出会うとき、重い海洋プレートは、みずからの重さによって、軽い大陸プレートの下にもぐり込んでいくことになります。そのような場所を**沈み込み帯**といいます。

沈み込む海洋プレートは、**スラブ**とも呼ばれます。そして、スラブが重力によって沈んでいく力を、「スラブ引っ張り力」というのです。

スラブ引っ張り力以外にも、マントル対流がプレートを引きずろうとする**マントル曳力**など、さまざまな力がプレートにはたらきます。しかし、スラブ引っ張り力の影響が飛び抜けて大きいというのが、現在の定説です。

地震もプレートで説明できる

沈み込み帯で地球内部にもぐり込んだプレートは、ときに反発してはね上がり、**地震**を引き起こすこともあります。

また、プレートどうしがすれ違う場所では、境目に巨大な**活断層**が作られます。この活断層は、地殻に溜まったひずみを解消するために、大きくズレることがあり、それも地震の原因になります。

地震については第5章であらためて解説しますが（154ページ参照）、プレートテクトニクス理論はこのように、大陸の移動だけでなく、地球表面のさまざまな現象を説明することができるのです。

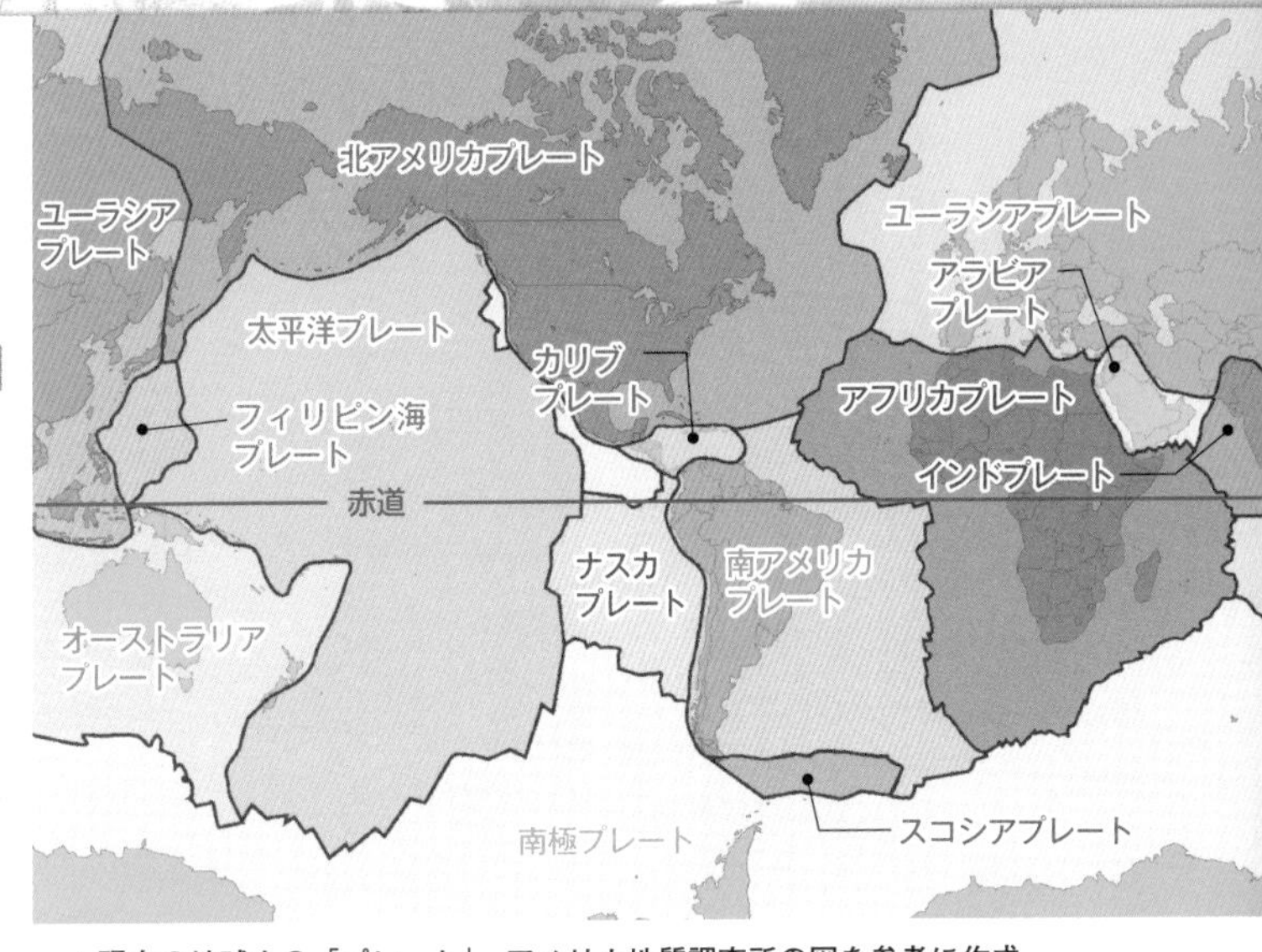

▲現在の地球上の「プレート」。アメリカ地質調査所の図を参考に作成。

大陸を動かすもの

プレートテクトニクスの動力源は、マントル対流と、プレートどうしが接するところで生まれる力であるといえます。

そして、プレート自体がマントル対流から生まれてきているので、マントル対流こそが根本的な動力源だと考えることもできます。地球内部に熱と圧力がなく、マントル対流がなかったとしたら、大陸が動くこともなかったでしょう。

1990年代以降は、日本の地球科学者**深尾良夫**（ふかおよしお）（1943年〜）や地質学者**丸山茂徳**（まるやましげのり）（1949年〜）によって、マントル全体の動きを扱う**プルームテクトニクス理論**が提唱されています。

09

水はめぐりつづけて生命を支える

水の惑星としての地球

地表の7割を覆う水

太陽系にさまざまな天体がある中で、地球の最大の特徴のひとつは、**地表に大量の水が存在する**ことです。もし地球が「水の惑星」でなかったとしたら、生命がこれほど栄えることもなかったでしょう。

地球表面の水のうち、97・47パーセントは**海水**です。ほかには、**氷河**(ひょうが)や**極氷**(きょくひょう)が1・76パーセント、地下水が0・76パーセント、川や湖などが0・01パーセントです。氷河とは、降り積もった雪が解けずに圧縮されて氷の塊を形成し、流動するようになったもの（176ページ参照）。極氷とは、形成されてからひと冬以上たっている厚い海氷のことです。

地球の表面の71パーセントは、水で覆われています。ただし、地球全体の質量と比べると、地球表面の水の質量は0・02パーセントあまりにすぎません。また、海水はつねに**海洋プレート**とともに地球内部に沈み込んでいます。そのうちのある程度は、火山が噴火するときにマグマに混じって噴き出していますが、収支を計算すると、地球内部に取り込まれる量のほうが少し多いらしいことが、近年の研究でわかっています。

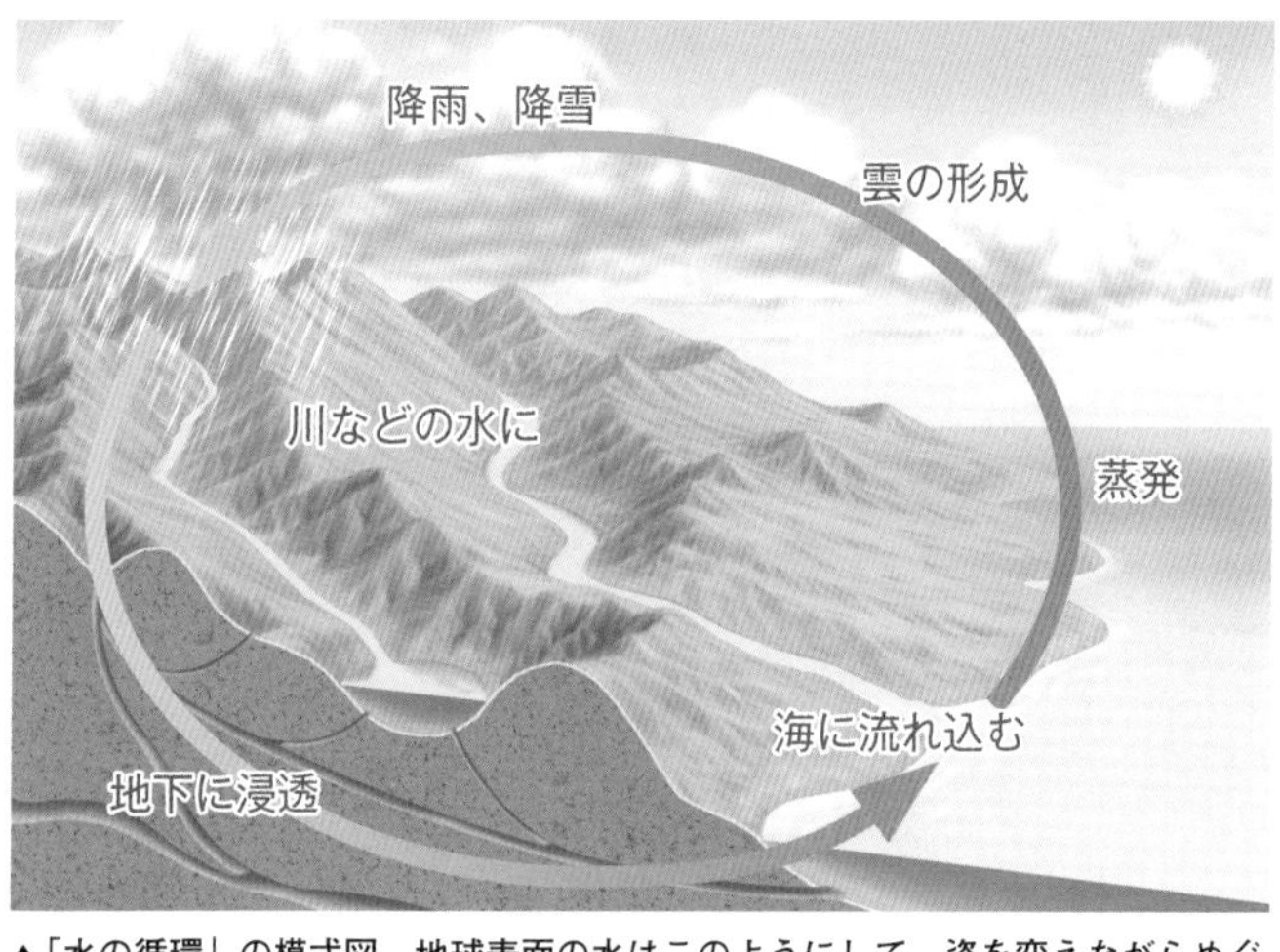

▲「水の循環」の模式図。地球表面の水はこのようにして、姿を変えながらめぐりつづけている。

水の循環

海や川、湖、植物などの水は、太陽の熱であたためられて**蒸発**し、軽い**水蒸気**となって昇っていきます。

水蒸気は上空で**雲**を形成し、**雨**や**雪**として地表に降り注ぎます。

陸地に降った雨や雪は、**川**になって地面を削りながら海へ戻っていきます。地面にしみ込んで**地下水**になり、ゆっくりと地中を流れることもあります。冬の山に積もった雪は、春になって**雪解け水**として流れてきます。

そしてそれらが、またあたためられて蒸発するのです。このような**水の循環**は、地球環境を安定させることに貢献しています。

10 温室効果とは何か

二酸化炭素などが地球の温度を保つ

降り注ぐ太陽エネルギー

海の水が蒸発して雲になるのが**太陽**の熱のおかげであるように、地球上のさまざまな自然現象は、**太陽のエネルギー**によって引き起こされています。そのエネルギーのゆくえを見てみましょう。

太陽から地球に、エネルギーが降り注いできます。そのうちの20パーセントほどは、大気や雲に吸収されます。また、22パーセントほどは、大気や雲に反射されて、宇宙に飛んでいきます。

地表にやってきた58パーセントのうちの、9パーセントは反射され、やはり宇宙へ戻っていきます。残りの49パーセントは地表に吸収され、陸や海をあたためます。

地球をあたためる温室効果

あたためられた地表は、おもに**赤外線**（せきがいせん）として、エネルギーを放出します。もし地球に大気がなかったら、地表が放出したエネルギーは、すべて宇宙に出ていくことになるでしょう。

しかし、大気の中には、**赤外線を吸収しやすい気体**が含まれています。**二酸化炭素**や**メタン**、

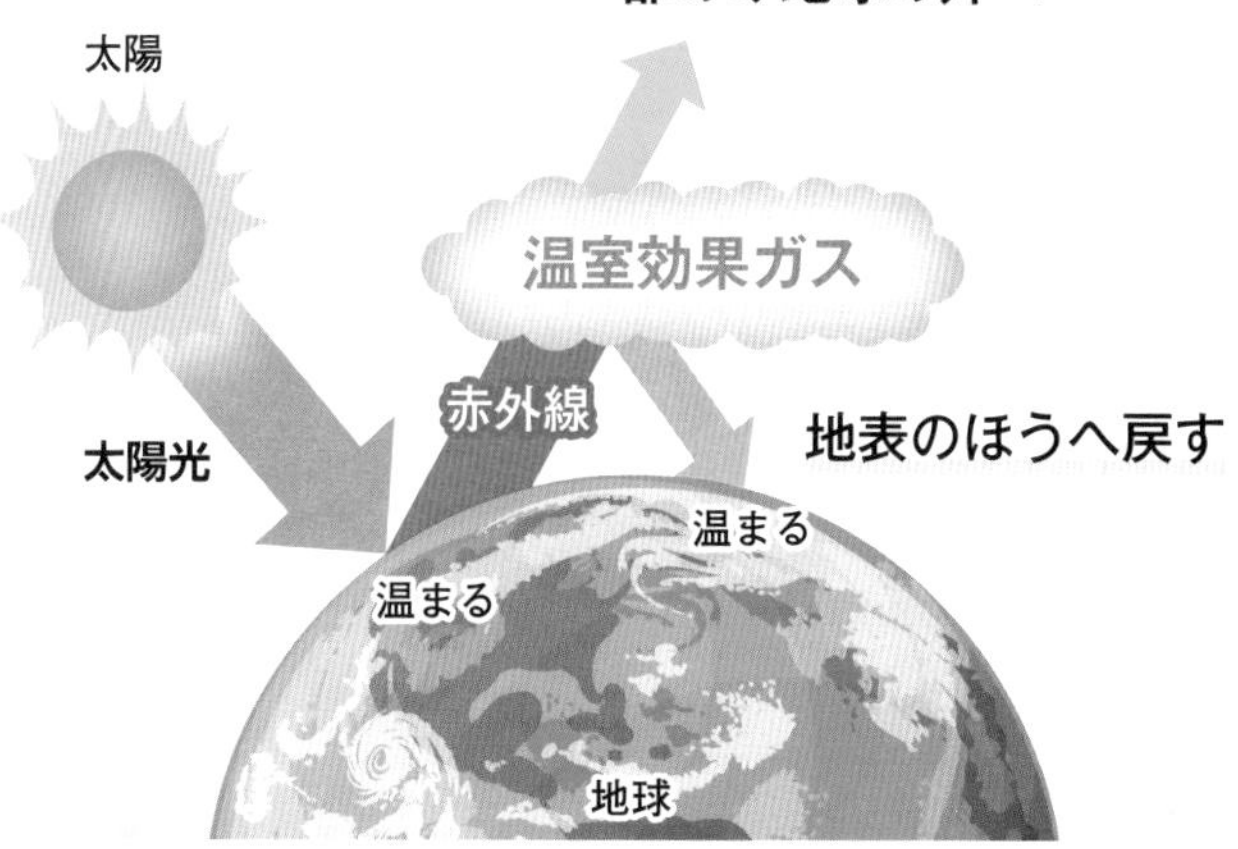

▲「温室効果」の模式図。太陽から来たエネルギーであたたまった地表が、「赤外線」を放出する。そのエネルギーを大気中の「温室効果ガス」が吸収し、一部を地表に戻す。

水蒸気などです。

それらの気体が、いったん赤外線エネルギーを吸収し、その一部を地表に戻してくれるおかげで、地表はあたたかくなるのです。

この現象を**温室効果**（おんしつこうか）といい、温室効果を引き起こす気体は、**温室効果ガス**と呼ばれます。

大気中の温室効果ガスの濃度が高いと、エネルギーを地球に閉じ込めるはたらきが強くなり、地球の気温が上昇します。逆に、温室効果ガスの濃度が低いと、気温が低下します。

温室効果は、地球の温度を保つはたらきをもっています。もし温室効果がなかったら、地球の平均気温はマイナス18度ほどになっていたと考えられています。

自然な範囲の温室効果は、生命にとってはありがたいものなのです。

炭素循環

温室効果ガスの代表格である二酸化炭素は、**炭素**を含むさまざまな物質に変化しながら、自然界を循環しています。

二酸化炭素は海水に溶けやすく、海に吸収されます。その一部は**植物プランクトン**などに取り込まれます。植物プランクトンは呼吸したり、分解作用によって**有機物**（炭素と酸素を含む化合物）を作ったりすることで、炭素を出します。

植物プランクトンは**食物網**（30ページ参照）の中で食べられ、海の生物の体を作ります。海の生物は呼吸や糞、死骸という形で炭素を出します。海底に蓄積された炭素は地球内部に運ばれ、火山ガスなどの形で再び大気中に放出されます。

陸では、二酸化炭素は**光合成**によって植物に吸収されます。そしてその植物が植物食性動物に食べられることで、生物の体を作るのです。炭素は呼吸で排出されるほか、糞や死骸として土壌に蓄積されます。そのうちの一部が**化石燃料**（144ページ参照）となって人間活動に利用されるのです。

地球の気温の安定

地球は46億年の歴史の中で、**温暖化**と**寒冷化**をくり返してきました。その大きな原因のひとつが、温室効果ガスである二酸化炭素の濃度の変化です。

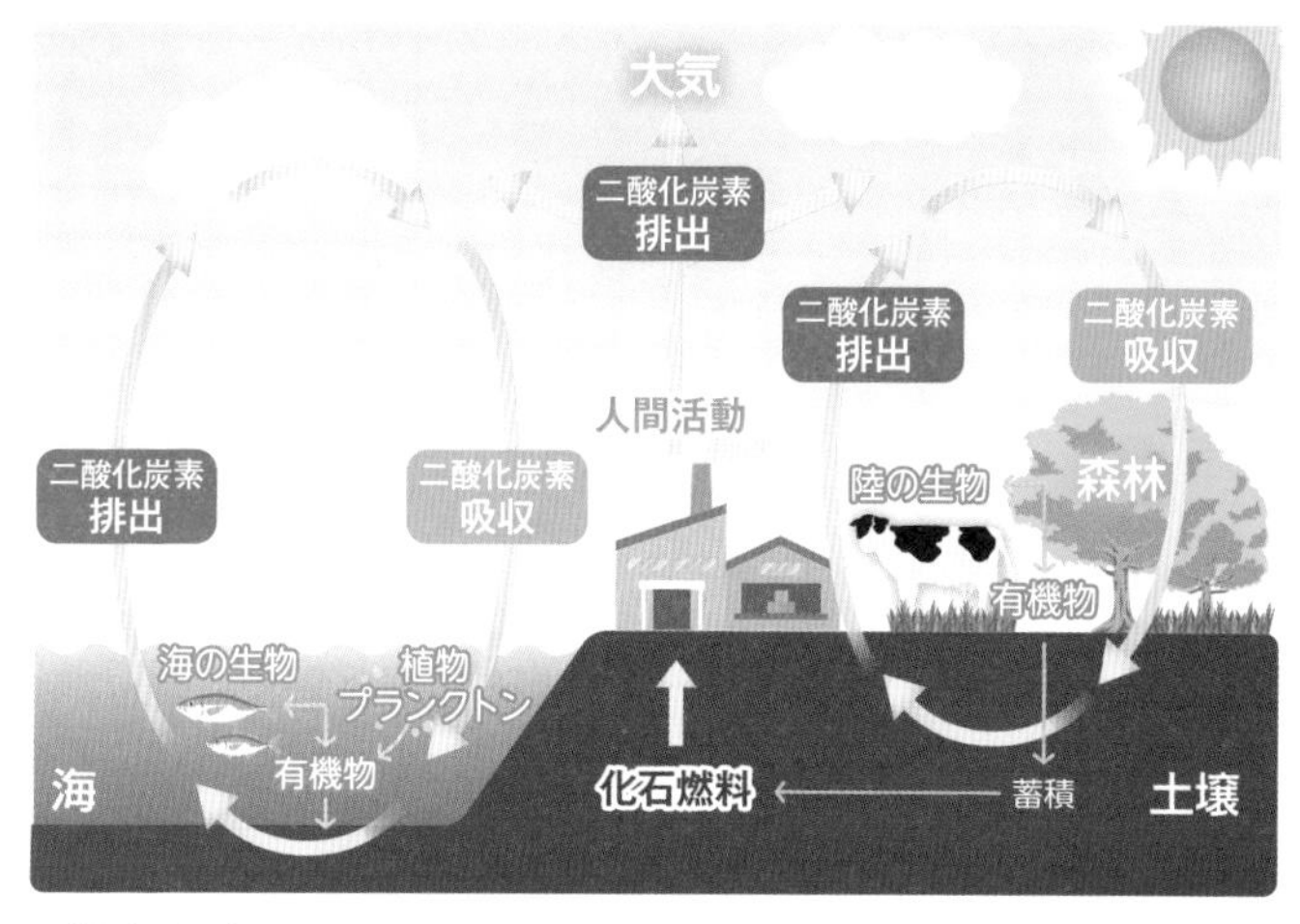

▲「炭素循環」の模式図。大気中の二酸化炭素濃度は、ある程度安定するようになっている。

しかし、自然界の炭素循環の中には、大気中の二酸化炭素濃度を調整するようなはたらきが含まれています。**ウォーカー・フィードバック**と呼ばれるそのメカニズム（詳細はやや複雑なので、ここでは割愛（かつあい）します）のおかげで、地球の気温は上がりすぎたり下がりすぎたりすることなく、ある程度安定しています。

しかし現在、人間の活動によって化石燃料が大量に燃やされつづけ、二酸化炭素が大量に排出され、温室効果による**地球温暖化**が進んでいることが、大きな問題になっています。

温室効果自体は、地球の生命にとって必要なものだといえます。現在の地球温暖化の問題は、人間活動が過剰に温室効果を促進し、人類にとっては取り返しがつかないほどの急激な変化を地球環境にもたらしていることです。

11

生命を宿す惑星はほかにあるか

太陽系の中にも複数の候補が!?

ハビタブルゾーン

太陽との間の距離や自転軸の傾き具合、水の存在や温室効果など、さまざまな幸運が重なってくれたおかげで、地球には生命が誕生し、栄えています。

そして今のところ、人類は、地球以外の天体に生命を見つけることができていません。

地球以外に、生命を宿す星は存在するのでしょうか?

天文学では、「惑星の表面に**液体の水**が存在できること」を、生命が存在するための重要な条件と考え、その条件を満たす範囲を**ハビタブルゾーン**と呼ぶことがあります。

太陽系の中でハビタブルゾーンに入っているのは、地球と**月**だけです。そして月の表面には、液体の水が存在できません。すると、やはり地球以外には、生命はいないのでしょうか。

可能性を秘めた4つの天体

しかし月では、1967年に地球から送られた探査機（たんさき）**サーベイヤー3号**にくっついていた微生物が、2年半も生き延びたことがあります。

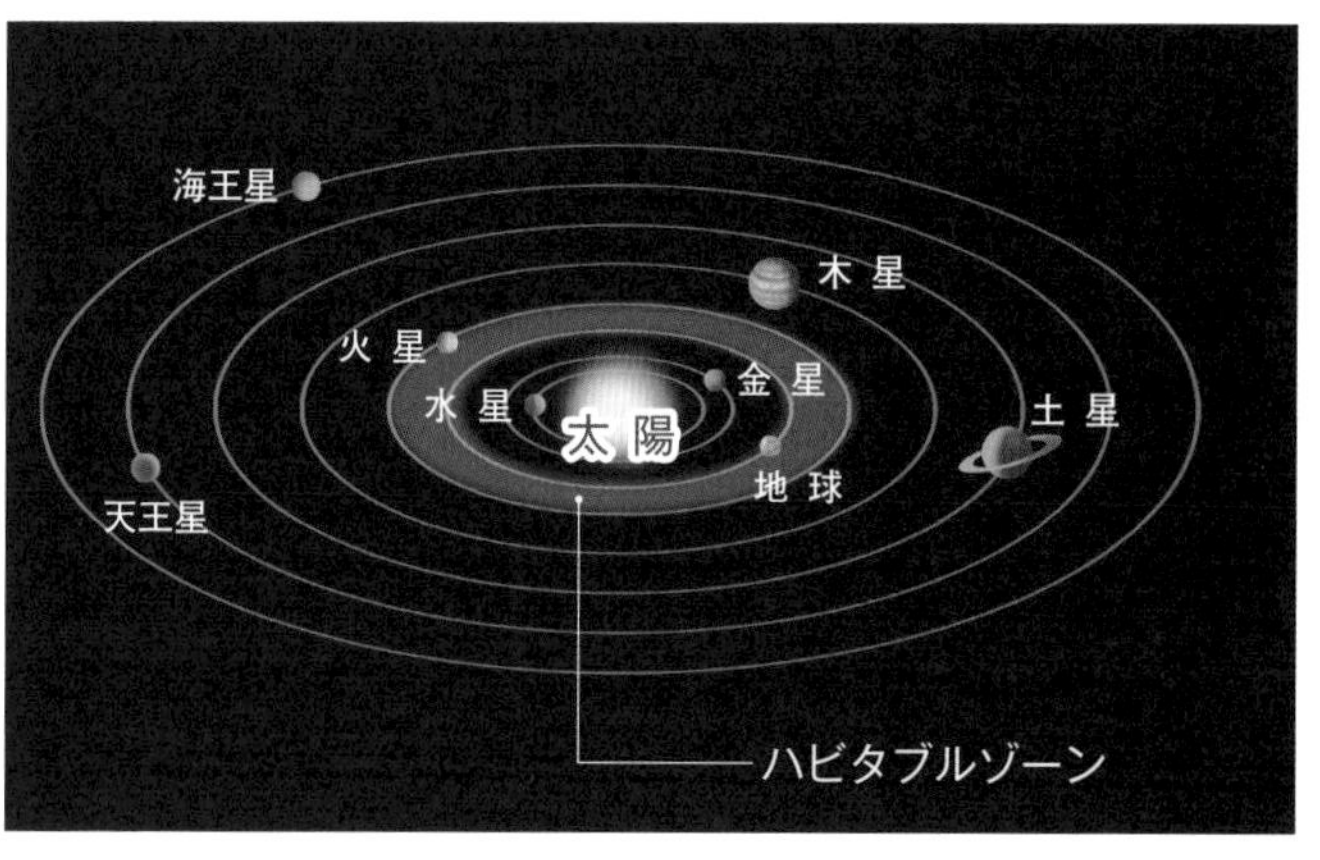

▲生命存在の条件を満たす範囲とされる「ハビタブルゾーン」は、従来、太陽からの距離によって決まると考えられてきた。しかし現在は、「生命が存在する可能性は、太陽からの距離だけでは測れない」という考え方が強くなってきている。

現在、研究者の多くは「表面の水やハビタブルゾーンにこだわらずに生命を探してみるべきだ」と考えています。

たとえば、ハビタブルゾーンの少し外に位置する**火星**は、地下に液体の水をもつ可能性があり、生命の存在が期待されています。

木星の衛星**エウロパ**も、表面は氷でおおわれていますが、地下に液体の水をもちます。

土星の衛星**エンケラドゥス**も、内部に海があり、ときおりとんでもない高さまで水を噴き上げていることがわかりました。

また、土星最大の衛星**タイタン**では、液体のメタンが水の代わりになっている可能性があります。

これら4つの天体は、生命が存在するかもしれない星として注目されているのです。

COLUMN 2

系外惑星と生命の可能性

太陽系の外には、地球と同じように生命を宿す天体は存在するのでしょうか。

太陽のような**恒星**は、超高温で燃えて光を放っているため、そこに生命が存在するとは考えられません。生命を宿す天体を見つけたければ、地球と同じような**惑星**を探すのがよいでしょう。

太陽系の外にあり、別の恒星のまわりを公転している**系外惑星**（けいがいわくせい）が、初めて発見されたのは1995年のことです。50光年ほど離れた**ペガスス座51番星**のまわりを、木星の半分ほどのサイズの惑星が、4・2日というとんでもなく短い公転周期で回っているのが見つかったのです。発見者であるスイスの天文学者**ミシェル・マイヨール**（1942年～）と**ディディエ・ケロー**（1966年～、発見当時は大学院生）は、2019年度のノーベル物理学賞を受賞しました。

以後、系外惑星は続々と発見されています。その中でも、**ハビタブルゾーン**（60ページ参照）の中にあり、ガスではなく岩石でできた惑星は、生命をもつ可能性のある惑星という意味で、**ハビタブルプラネット**と呼ばれます。

ハビタブルプラネットは現在、10個以上見つかっています。ハビタブルプラネットは宇宙の中で一般的な存在であるようで、今後も多数発見されるだろうと期待できます。

ハビタブルプラネットであるからといって、そこに生命が誕生するとは限りません。しかし、広い宇宙の中に、地球と同じような生命の星が、ほかにも存在する可能性はあるのです。

第3章

地球の形成の秘密

01 すべての始まり 宇宙の誕生

素粒子サイズで出現して加速膨張した

素粒子サイズの宇宙

この章では、地球という惑星が形成されていく様子を、時間の経過に沿って解説します。まずは、地球誕生よりも前までさかのぼって、宇宙の始まりから見ていきましょう。

現在の標準的な宇宙論によると、私たちの宇宙は、**138億年前**に誕生しました。

宇宙とは、時間と空間そのものですから、宇宙が誕生する「前」には、時間も空間もなかったのではないかと考えられています。

そんなところに、なぜ、どのようにして宇宙が生まれたのかは、まだはっきりとはわかっていません。ただ、生まれた瞬間の宇宙は、**素粒子**(そりゅうし)ほどの超極小サイズだったとされます。素粒子とは、宇宙の最小単位であり、この宇宙で最も小さいものです。

インフレーションとビッグバン

宇宙は誕生直後、爆発的に加速膨張(かそくぼうちょう)し、1秒よりもずっと短い間に、目に見えるくらいのサイズにまで大きくなったと考えられています。この膨張を**インフレーション**といいます。

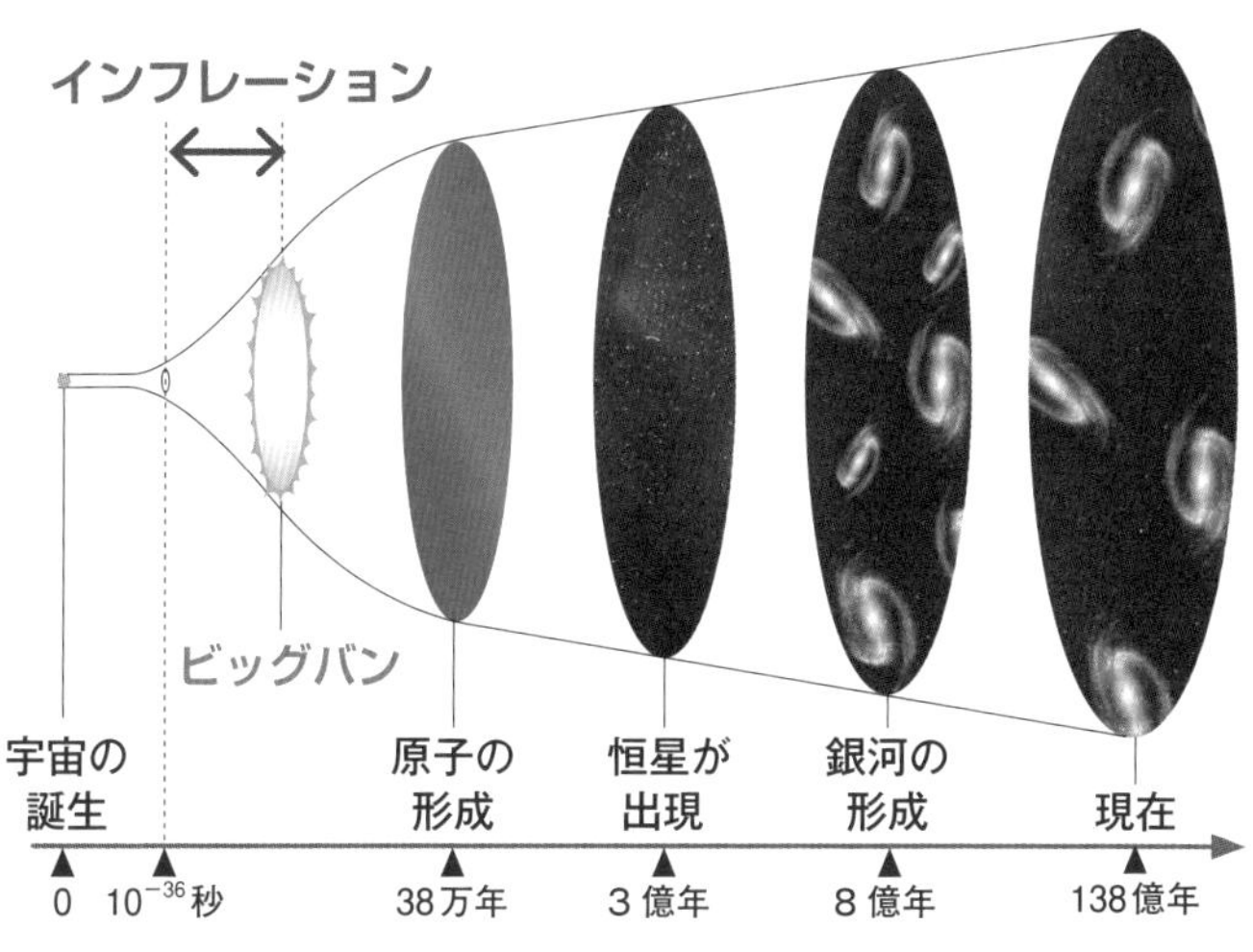

▲現在、標準的な理論として受け入れられている、宇宙の歴史。

宇宙を急激にふくらませた膨大なエネルギーは、熱エネルギーに変わり、宇宙は超高温になりました。この超高温にして超高圧の状態は、**ビッグバン**と呼ばれます。

そして、このビッグバン状態の宇宙が、時間の経過とともに広がりながら冷えていく過程が、宇宙の歴史だといえます。

ビッグバン直後の宇宙には、素粒子がぎゅうぎゅうに詰まっていました。それらの素粒子は互いに組み合わさっていき、38万年後、**原子**（げんし）が構成されるようになりました。

そしてこの原子がさらに集まって物質となり、宇宙誕生のおよそ3億年後から、**恒星**を生み出していくのです。

8億年後からは、恒星どうしが重力を及ぼし合い、**銀河**を形成するようになりました。

02

太陽系が形成される

宇宙のガスやチリが円盤状に渦巻いた

ガスとチリが動きはじめる

およそ46億年前、**天の川銀河**の一角で、広範囲に広がっていたガスやチリの中に、何らかのきっかけで、密度の高いところと低いところが生まれました。

密度の高いところは、重力によって引き寄せ合ってくっつき、さらに周囲に重力を及ぼすようになりました。

そのきっかけについては、研究者の間でも意見が分かれています。恒星が一生を終えるときに起こす**超新星爆発**だという説や、天の川銀河が近くの小さな銀河とぶつかったのだという説があります。

ガスやチリは回転しながら収縮し、平べったい円盤状になっていきました。これを、**原始太陽系円盤**といいます。

原始太陽と微惑星

原始太陽系円盤のガスやチリは、渦巻きながら回転の中心に落下していき、**原始太陽**を形成しました。

やがて原始太陽では**核融合**という現象が始ま

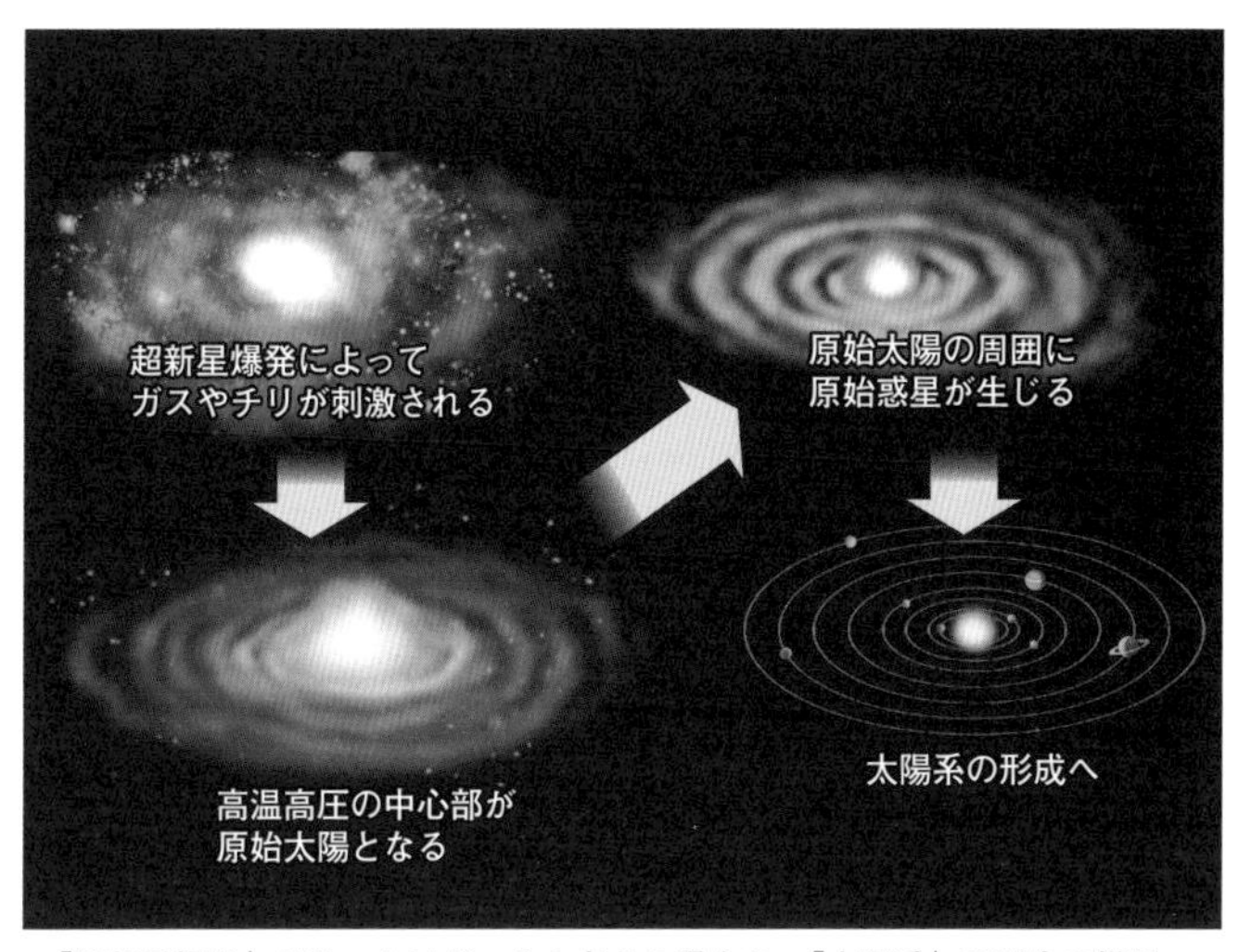

▲「超新星爆発」がきっかけだったと考えた場合の、「太陽系」の誕生の様子。

り、輝きを放つようになりました。**太陽**の誕生です。

太陽のまわりの渦では、チリがお互いの重力で引き合い、衝突してくっついていきました。こうして、あちこちで物質の塊が次第に大きくなり、直径10キロほどの**微惑星**(びわくせい)と呼ばれる天体が姿を現します。

微惑星を作る成分は、太陽からの距離によって異なっていました。

太陽に近いところでは、水分は蒸発し、メタンや二酸化炭素も飛ばされ、乾いた成分だけが残りました。

それに対して、太陽から遠いところには、吹き飛ばされてきた水分などが残りました。

その境目は、**スノーライン**（**雪線**(せっせん)）と呼ばれます。

03

私たちの地球の誕生

幾多の衝突を経て大きくなった惑星

微惑星から原始惑星へ

微惑星どうしはさらに衝突と合体をくり返しながら、次第に成長していきました。大きな微惑星ほど重力が強いので、まわりの微惑星を引き寄せ、より大きくなります。

こうして形成されたのが、**原始惑星**です。それらの原始惑星から、太陽系の惑星が作られることになります。

スノーラインの内側（太陽に近いところ）では、水分やガスが吹き飛ばされるため、乾いた岩石の惑星が形成されました。**水星**、**金星**、**地球**、**火星**です。これらの岩石惑星を、**地球型惑星**と呼びます。

スノーラインの外（太陽から遠いところ）では、太陽の影響が比較的小さいので、ガスや氷がまとまった大きな惑星が作られていきました。**木星**と**土星**は、おもにガスからなる惑星で、**木星型惑星**と呼ばれます。おもに氷からなる惑星は**天王星**と**海王星**で、**天王星型惑星**といいます。

マグマオーシャン

私たちの地球の原型となる**原始地球**も、幾多

▲「原始太陽系円盤」の中で、「原始地球」が形作られていくイメージ。地球以外の惑星も、「微惑星」どうしの衝突・合体によって生まれた。

の衝突・合体を経て誕生しました。

現在と同じくらいの大きさの原始地球ができたのは、太陽系が形成されはじめてから、ほんの数百万年後のことだと考えられています。宇宙の始まりから太陽系の始まりまでの92億年と比べると、とても短い期間だといえるでしょう。私たちの地球は、太陽系が誕生したすぐあとに作られたのです。

原始地球の公転軌道上には、たくさんの小天体が存在し、それらがしばしばぶつかってきました。

その衝突エネルギーによって、原始地球の表面の岩石は、ドロドロに溶けていました。原始地球の全体を、マグマが海のように覆っていたのです。この状態を、**マグマオーシャン**と呼びます。

04 月はどのように生まれたのか

地軸すら傾けたジャイアント・インパクト

テイアとの衝突

原始地球が形成された直後、地球の**衛星**（えいせい）（惑星などのまわりを公転する天体）である**月**が誕生しました。

月は、なぜできたのでしょうか。現在最も有力視されているのは、**ジャイアント・インパクト説**です。

その説によると、原始地球ができてからまだほんの1000万年ほどの時期、地球の半分ほどの半径の天体が、地球にぶつかりました。この衝突は**ジャイアント・インパクト**と呼ばれます。また、このとき地球にぶつかったと想定される天体は、**テイア**と名づけられました。

この衝突により、地球の自転軸（**地軸**）が傾いたとされます。また、大量のかけらがまき散らされました。そのかけらが、短い期間で衝突しながら合体していって、月を形成したと考えられています。

現在、地球から月までの距離は約38万4000キロありますが、月の誕生当時はもっとずっと近く、2万キロ程度だったと推定されています。月が地球のまわりを公転するうちに、軌道がだんだん広がっていき、現在も1年間に約3センチずつ遠ざかりつづけています。

▲「ジャイアント・インパクト」のイメージ。（画像：NASA）

月の誕生説のバリエーション

NASAはアポロ計画（1961〜1972年）で、月から岩石などをもち帰りました。その物質を調べると、地球を構成する成分とほぼ同じでした。

この事実は、ジャイアント・インパクト説のバリエーションで説明が可能です。つまり、「テイアとの衝突のあとに月になったのは、ほとんどが地球の破片だった」と考えるのです。あるいは、テイアはもともと原始地球に近いところで作られた、成分のよく似た惑星だったのかもしれません。

ほかにも、「月を生んだ衝突は1回ではなく、複数回だった」とする説などもあります。

05

大気と原始海洋の発生

飛来した微惑星から成分がもたらされた!?

空気や水はどこから来たのか

ジャイアント・インパクトののち、地球の温度はだんだんと下がっていったとされます。すると、**大気**に含まれていた大量の**水蒸気**が冷やされて、雲を形成し、豪雨となって地上に降り注ぎました。

強酸性で、セ氏数百度だったともいわれるこの雨によって、**原始海洋**が形成されたというのが、従来の定説です。

しかし、不可解な点があります。「水蒸気を含む大気は、どうして存在していたのか」という点です。

もともと地球は**スノーライン**（67ページ参照）の内側、太陽の近くで形成された惑星なので、海のもとになる水分をもっていなかったはずです。それどころか、理論上、大気の成分があったのかどうかも疑わしいといいます。地球はもともと、水も空気もない、カラカラの岩石惑星だったのではないかと考えられるのです。

それがなぜ、大気や海をもつようになったのでしょうか。

そのことをうまく説明できる理論が、2017年に論文として発表されました。日本の地質学者**丸山茂徳**（53ページ参照）と天文学者**戎崎俊**

▲「原始海洋」のイメージ。超酸性で超高塩分、重金属元素を含んだ猛毒の海だった。

一（1958年～）による**ABEL(エイベル)モデル**です。その最新学説を紹介しましょう。

ABELモデル

ABELモデルによると、ジャイアント・インパクトから100万年以内に、地球の表面は固くて動かない**地殻**に覆われたとされます。

そして、43億7000万年前から、たくさんの**微惑星**が、地球へと飛んでくるようになりました。その中には、**スノーラインの外から飛来した、氷や有機物をもつ微惑星**もありました。

それらが2億年弱の間、爆撃のようにしばしば衝突してきたため、もともと地球になかった元素が、地球の表面に徐々に蓄積されていきま

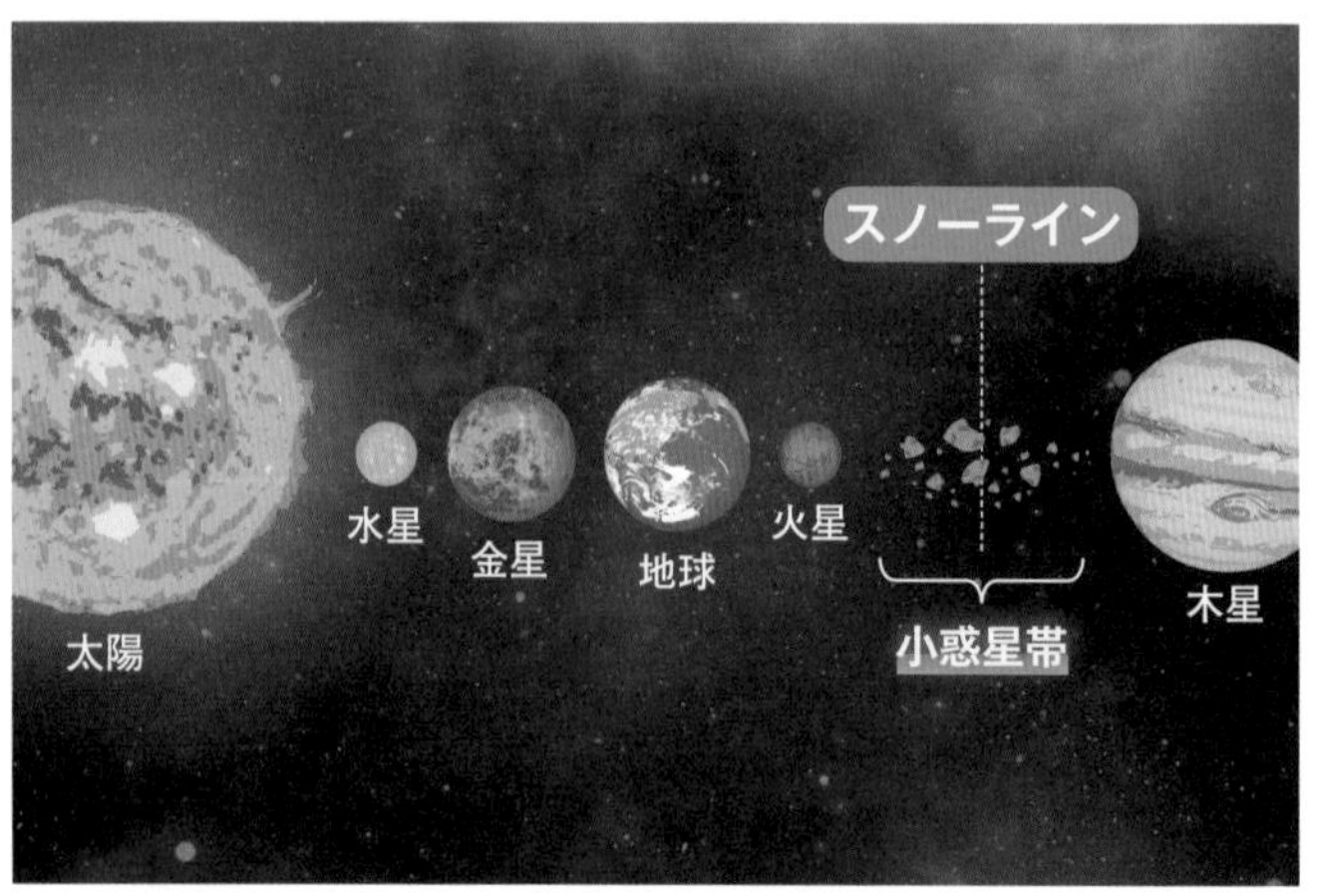

▲「原始太陽系」の「スノーライン」は、現在でいうと火星と木星の間、「小惑星帯」にあったとされる。その外側から地球に飛来した微惑星が、大気や水の成分をもたらしたというのが、「ABEL モデル」の考え方である。

した。こうしてもたらされた**炭素・水素・酸素・窒素**から、地球の大気と海が作られることになるのです。また、のちに**生命の構成要素**となるのも、こういった成分です。

この微惑星たちの爆撃は、**ＡＢＥＬ爆撃**と呼ばれます。ＡＢＥＬは「Advent of Bio-elements」（生命要素の降臨）の略です。ＡＢＥＬ爆撃は、のちに生命が誕生するための、最も重要なプロセスのひとつだとされます。

要するに、「原始地球はもともと、大気の成分も水の成分も、生命が作られる材料ももっていなかったけれども、飛んできては衝突する微惑星たちから、それらの成分や材料がもたらされた」というのが、ＡＢＥＬモデルの考え方です。地球形成についての斬新なモデルとして、現在注目されています。

▲「ABEL 爆撃」のイメージ。この爆撃によって、生命の構成要素となる元素が、地表に蓄積されたという。

原始海洋は猛毒の海

さて、地球に大気と原始海洋が出現して、生命が誕生するための条件が整いはじめたように思えるかもしれませんが、じつはまだ、そうでもありません。

このときの原始海洋は、超酸性で、塩分濃度が非常に高く、しかも、重金属元素を大量に含んでいたのです。生き物にとっては**猛毒の海**だといえるでしょう。

もし海がこの状態のままであったなら、生命は地球に発生しなかったのではないかと考えられます。このあと、さらに何段階かの変化を経て、地球に生命が誕生できる準備ができていくのです。

06

小天体の衝突が引き金に!?

プレートテクトニクスが始まる

海の中でプレートが作られる

ABELモデル（73ページ参照）によると、43億7000万年前から42億年前にかけて、多くの微惑星などが地球に降ってきて（**ABEL爆撃**）、**原始海洋**も作られたことが、**プレートテクトニクス**（50ページ参照）の始まりにつながりました。

従来の地球形成理論でも、少し時期はズレますが、**後期重爆撃**（こうきじゅうばくげき）と呼ばれる小天体の頻繁な衝突があったとされますので、同じようなプレートテクトニクス開始のメカニズムを考えることが可能です。そのメカニズムを解説します。

地球が微惑星などの「爆撃」を受けると、**地殻**の下にある高温高圧の**マントル**が刺激され、地球の内部に**マントル対流**（43ページ参照）が生じました。

地下深くからマントルが上昇してきて、海底に裂け目を作ります。これが**海嶺**（51ページ参照）です。

海嶺では、噴き出した**マグマ**が固まって、**海洋地殻**（かいようちかく）という地殻を作りました。そしてこの海洋地殻が、自分にくっついているマントル上層部の流動していない部分とともに、**プレート**を形成していくことになります（左図参照）。

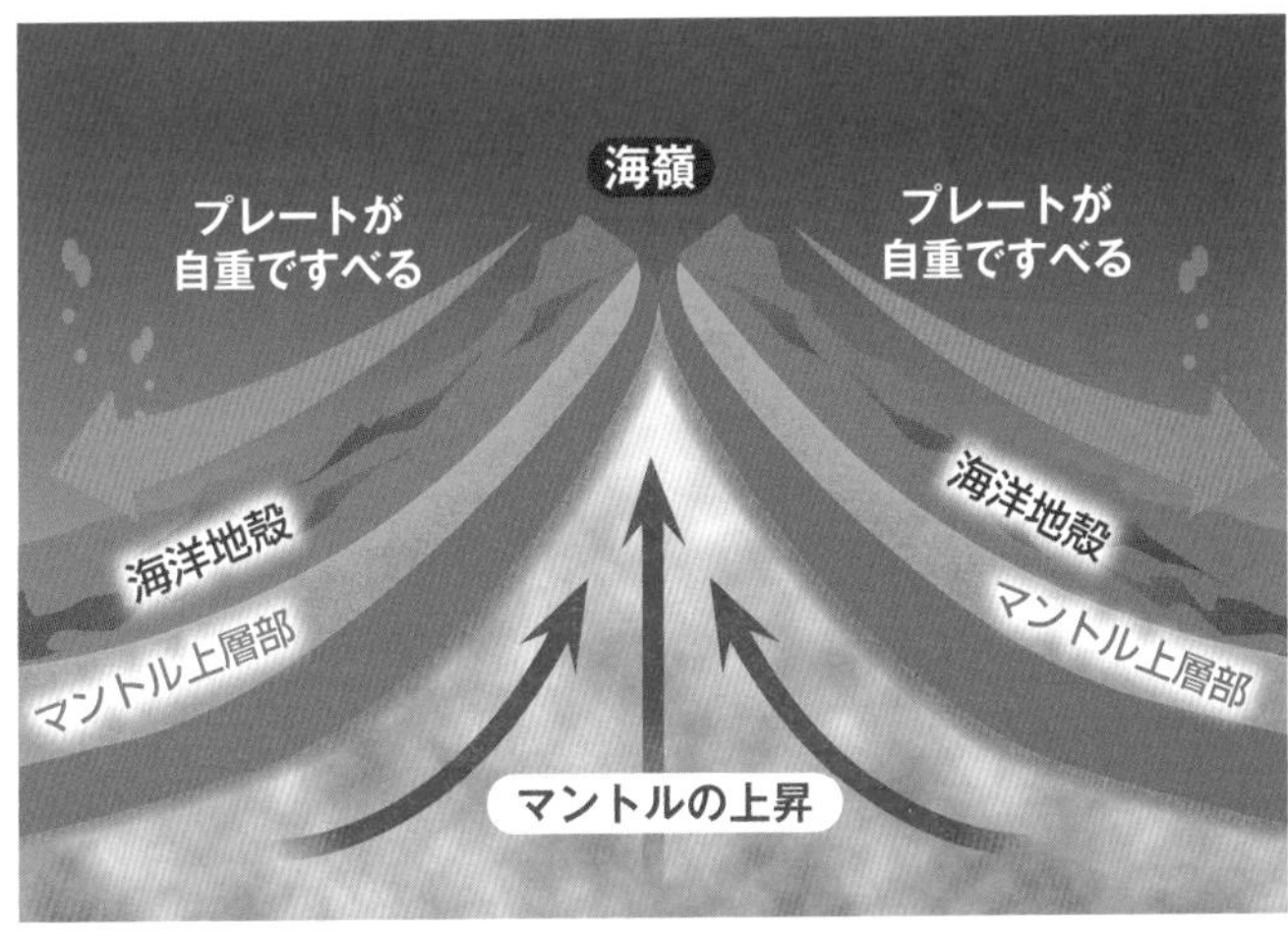

▲「海嶺」で「プレート」が生み出される様子の模式図。「海洋地殻」と「マントル上層部」が合わさって「プレート」となる。

プレートが動く

海嶺で作られたプレートは、海嶺の下から上昇してくるマントルによって押し上げられます。するとプレートは、みずからの重さによってすべりはじめます。

こうして、プレートが動き、プレートテクトニクスが機能することになったのです。

また、現在の地球の地殻には、海底を作る海洋地殻と、陸地を作る**大陸地殻**（たいりくちかく）の2種類があるのですが、大陸地殻はプレートテクトニクスによって生まれた可能性があります。プレートが移動して地球内部に沈み込むとき、高温で溶けてマグマになり、それが上昇して大陸地殻を作ったのではないかと考えられているのです。

07

生命誕生の準備が整っていく

地磁気が発生する

海の浄化

初期の地球の**原始海洋**は、出現した当時は超酸性の猛毒の海でした（75ページ参照）。

しかし、陸地から海へと砂や泥が流入してくると、成分が反応し合って、海は次第に中和されていきました。

海の中の重金属成分も、**プレートテクトニクス**が始まったことによって、**沈み込み帯**（52ページ参照）の下へと運び去られていきました。

こうして海は、生命を宿しうるものに変化していったのです。

地球を守るバリアの発生

プレートテクトニクスは、もともとの地球表面を破壊し、その破片を地球の奥深くへと運び込んでいきました。

この作用によって、**放射性元素**（ほうしゃせいげんそ）（90ページ参照）を多く含んだ破片が、**マントル**の底のほうまでやってきます。そして、地球の**核**のすぐ近くで、熱エネルギーを放出しました。

この熱が、核の外側を溶かします。このようにして、核の外側がドロドロになりました。地球の核が、液体の**外核**と固体の**内核**に分かれて

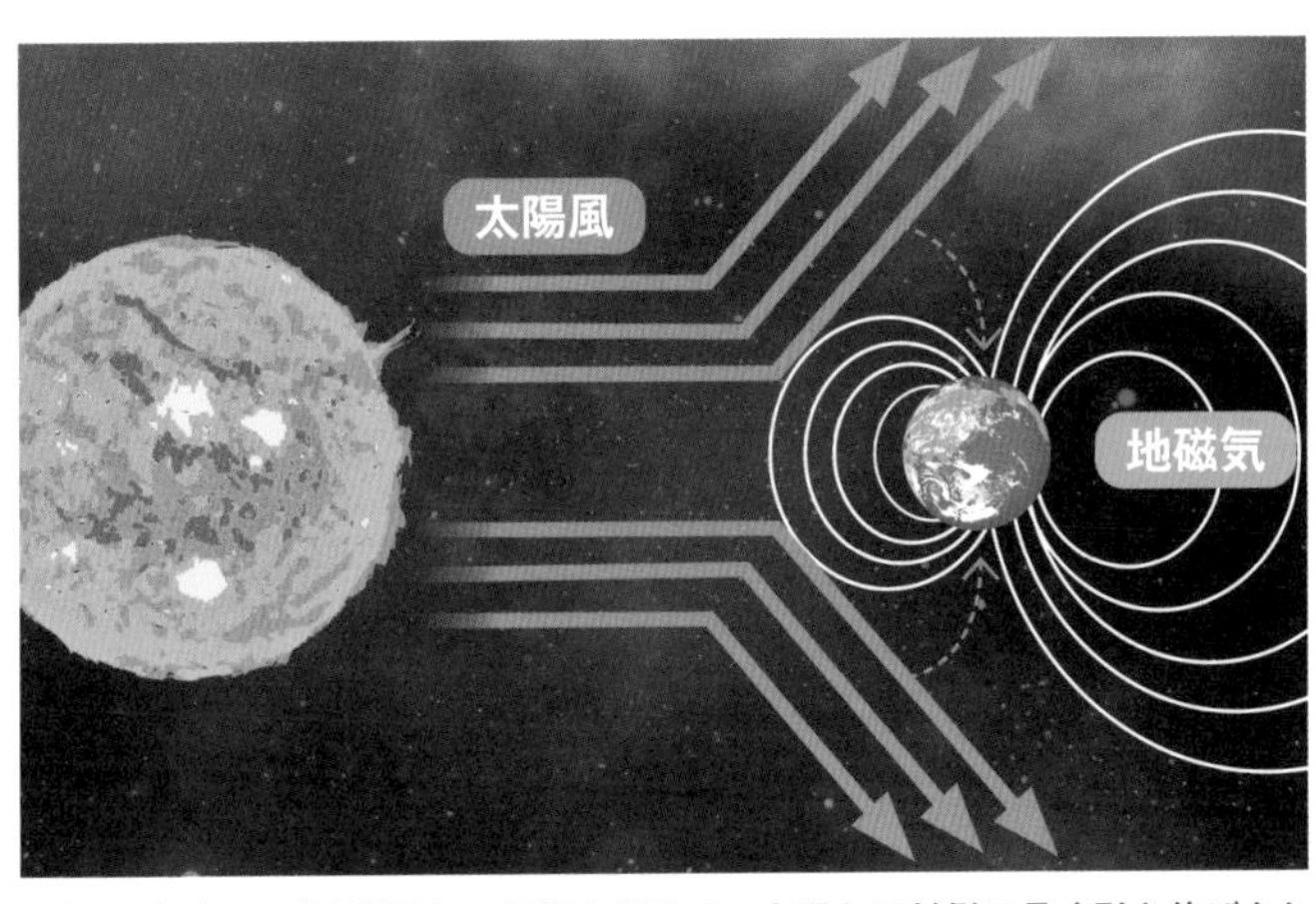

▲「地磁気」は、「太陽風」の影響を受けて、太陽と反対側に長く引き伸ばされている。太陽風は、上図のような「磁力線」によって表される地磁気のはたらきで防がれているが、一部は北極付近や南極付近に流れ込み、「オーロラ」を発生させる（222ページ参照）。

いること（42ページ参照）には、こういう理由があるのです。

そして、外核で液体の金属が流動することで、**電流**が発生し、そこから**磁気**が生まれます。**地磁気**（44ページ参照）の発生です。

地磁気は、太陽から地表に降り注ぐ**太陽風**（41ページ参照）など、生命にとって有害な**宇宙線**（宇宙からやってくる放射線）を緩和してくれます。地球には、強力なバリアが発生したのです。

こうして、地球には**生命が生息できる環境**が整ってきました。生命は、38億年前には地球上に存在していたとされます。近年の研究では、**40億年以上前に最初の生命が誕生していたのではないか**とも考えられています。生命の誕生と進化の歴史は、第4章でくわしく見ていきます。

08

地球の表面はさまざまに姿を変えた

超大陸の誕生と分裂

最初の超大陸ヌーナ

原始海洋が地球表面を覆ったのち、**プレートテクトニクス**によって、小さな大陸がところどころに作られていきました。しかし、地球の歴史の前半にどういう大陸があったのか、今のところはまだはっきりわかっていません。

19億年前には、陸地が合わさって、**ヌーナ**という**超大陸**（20ページ参照）ができたと考えられています。現在の北アメリカの一部、グリーンランドの一部、北ヨーロッパの一部によって形成されていました。

ロディニア超大陸

プレートテクトニクスは時間経過とともに、超大陸を分裂させては、また新たな超大陸を作り出していきます。

ヌーナの分裂後、今から11億年前に、**ロディニア超大陸**が形成されました。

その陸地から、栄養になる成分が海に流入し、**生命の繁栄**に貢献しました。第4章で扱う**エディアカラ生物群**（110ページ参照）や、**カンブリア大爆発**（112ページ参照）の生物たちは、その恩恵を受けたとされています。

19億年前

ヌーナ超大陸

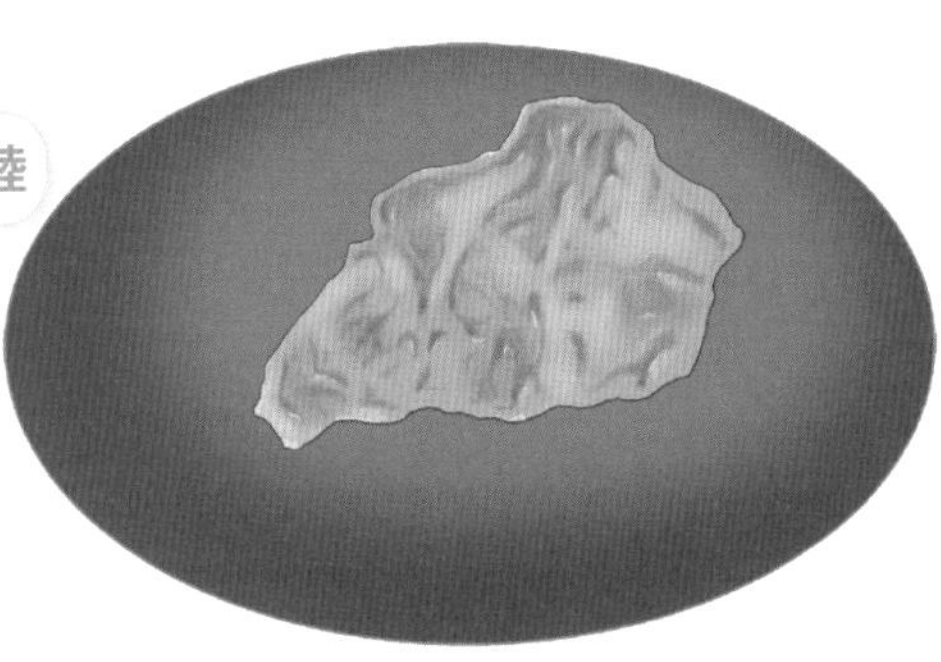

11億年前

ロディニア超大陸

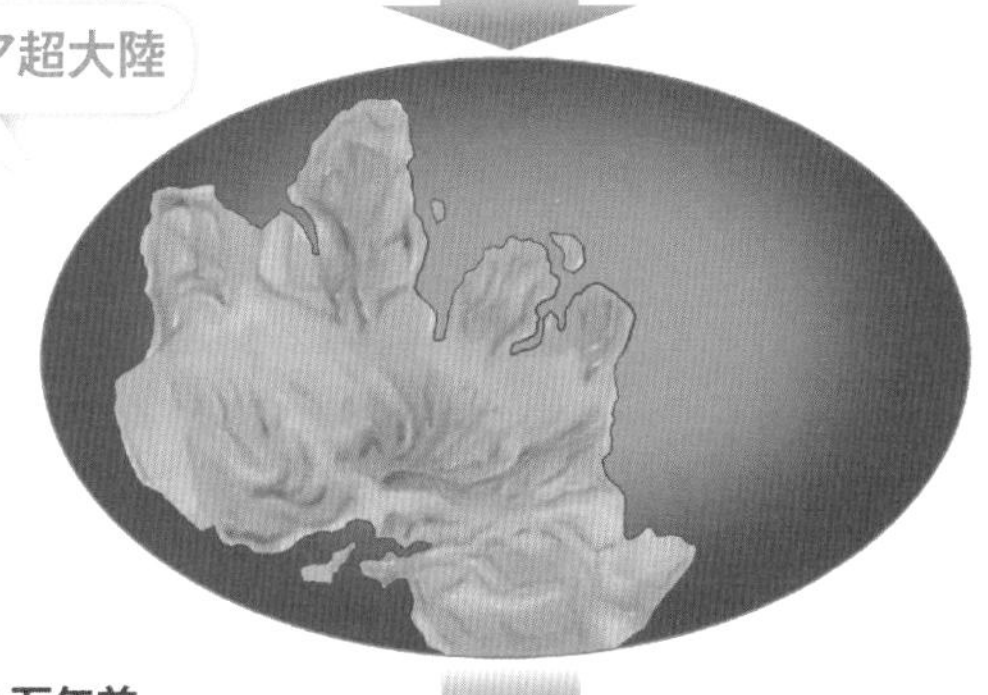

2億5000万年前

パンゲア超大陸

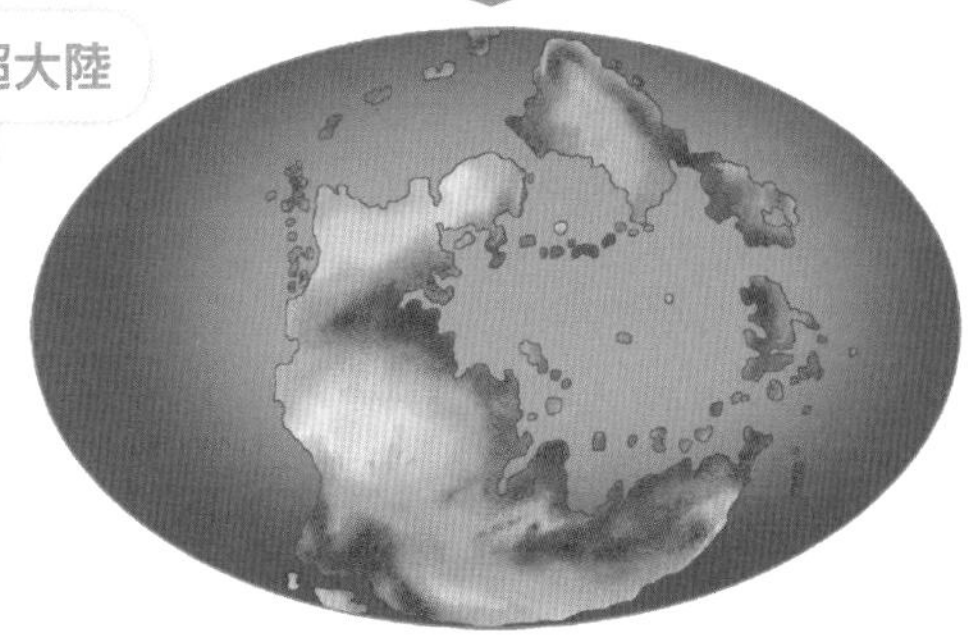

▲現在、ほぼ確実に存在したと考えられている最古の「超大陸」は、「ヌーナ超大陸」である。その後、「ロディニア超大陸」と「パンゲア超大陸」が出現した。

パンゲア超大陸とその分裂

ロディニアの分裂後、今から2億5000万年ほど前に、**パンゲア超大陸**が現れました。

大陸移動説の創始者**ヴェーゲナー**が想定した超大陸がこれに当たります（49ページ参照）。また、パンゲアのまわりを取り囲む海洋は、**パンサラッサ**と呼ばれます。

パンゲア超大陸の上には生命があふれ、**進化**が加速しました。**恐竜**（きょうりゅう）が出現し、生態系の頂点へとのぼりつめていきます（118ページ参照）。また、**哺乳類**（ほにゅうるい）も登場し、ひっそりと生きていました。

パンゲアはやがて、南の**ゴンドワナ大陸**と、北の**ローラシア大陸**に分裂します。

現在の6つの大陸へ

ゴンドワナ大陸では、**霊長類**（れいちょうるい）の祖先が生まれました。そのゴンドワナ大陸は、6600万年前にさらに分裂し、**南アメリカ大陸**と**アフリカ大陸**ができました。

ちょうどその頃、恐竜が絶滅します。地球環境の変化によって滅びはじめていたところに、巨大隕石（いんせき）の衝突でとどめを刺されたのだと考えられています（122ページ参照）。

恐竜絶滅後、分裂した各大陸で、霊長類はそれぞれ独自の進化をたどります。そしてアフリカで**人類**が誕生したのち（126ページ参照）、現在の6つの大陸に広がっていくことになるのです。

2億年前

6600万年前

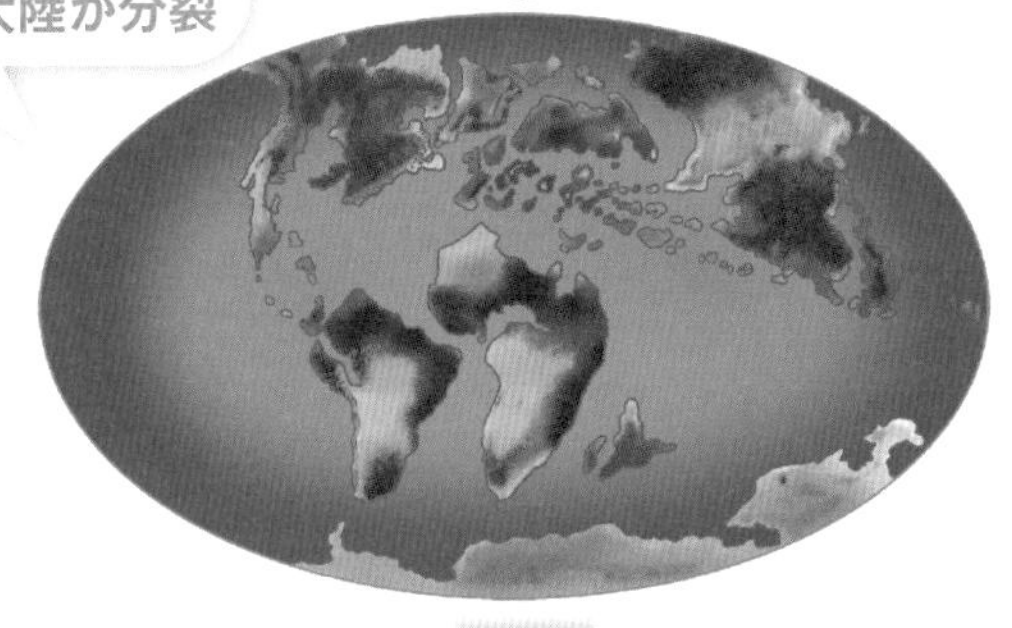

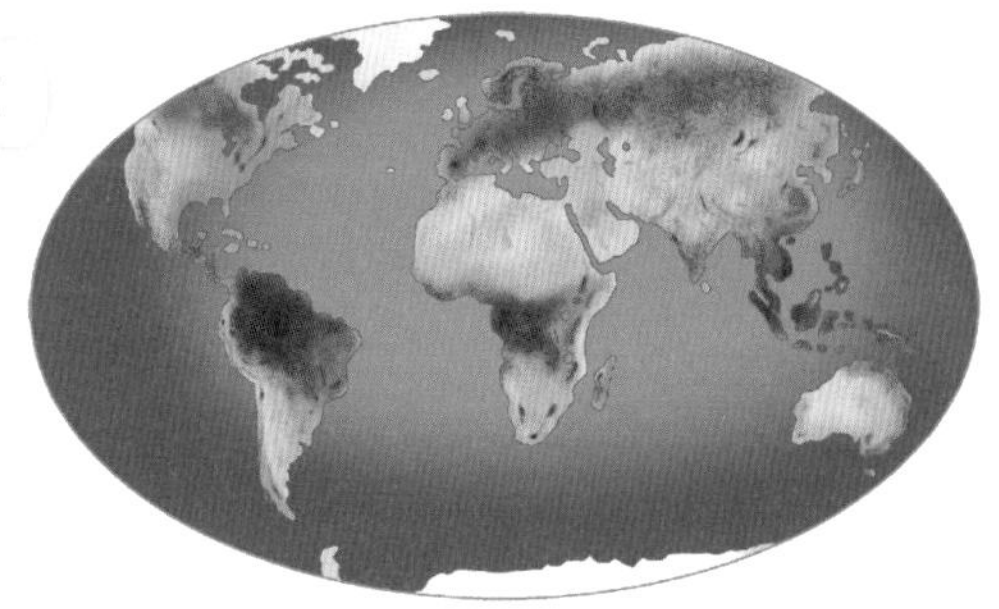

▲「パンゲア超大陸」が「ゴンドワナ大陸」と「ローラシア大陸」に分裂し、さらに細かく分かれていくことで、現在の6つの大陸が生まれた。

09 全球凍結 スノーボール・アース説

かつて地球は赤道まで氷で覆われていた!!

オーストラリアの6億3500万年前の地層で氷河堆積物を調べたところ、その場所が当時は赤道直下だったことがわかったのです。

つまり、「6億3500万年前の地球では、最も気温が高いはずの赤道直下まで、氷に覆われていた」ということになります。このことからカーシュヴィンクは、「地球全体が凍りついていた可能性がある」と述べたのです。

スノーボール・アース説

46億年に及ぶ地球の歴史の中には、赤道まで氷に閉ざされた、「氷の惑星」だった時期があります。そのような状態を、**スノーボール・アース**（**全球凍結**）といいます。

スノーボール・アース説は、アメリカの地質学者**ジョセフ・カーシュヴィンク**（1953年〜）によって、1992年に発表されました。

カーシュヴィンクがこの説を唱えることになったきっかけは、**氷河**が地表を削りながら運んできた**氷河堆積物**（ひょうがたいせきぶつ）でした。カーシュヴィンクが

仮説が認められるまで

この説は、当初、強い反発を呼びました。

▲「スノーボール・アース」のイメージ。赤道まで覆った地表の氷は、太陽の光をはね返してしまい、熱エネルギーを受け取らなかった。

「そんなことはありえない」と主張する科学者たちは、次のような理由を挙げました。

Ⓐもし、いったん地球全体が凍りついたとしたら、地表の氷が太陽光を反射してしまい、地表があたたまらなくなるので、全球凍結状態から二度と脱出できないはず。

Ⓑもし地球全体が凍りついたとしたら、苛酷な環境下で、生命が全滅してしまったはず。

つまり現に今、地球が全球凍結状態ではなく、生命も栄えている事実が、「全球凍結がなかったことの証拠」である、というわけです。

しかし1998年、カナダ出身の地質学者**ポール・ホフマン**（1941年〜）が、地球全体が雪玉のようになっていたことの証拠となる調査結果を発表しました。これによって、スノーボール・アース説は見直され、現在では正しいものと考えられています。

どうやって凍結を乗り越えたのか

では、Ⓐ地球は、どうやって凍結していない状態に戻ったのでしょうか。

その理由としては、**火山活動**が考えられます。

太陽の熱が地表をあたためなくなっても、地球内部には膨大な熱があります。火山が噴火すると、二酸化炭素が大気中に放出され、蓄積して**温室効果**（56ページ参照）を引き起こしました。その結果、地表の温度が上がって氷が解け、地球は凍結状態から脱出したとされます。

しかし、氷は解けたとしても、それまでの間、Ⓑ生物たちはどうやって生き延びていたのでしょうか。

海水の表面が凍っても、下のほうは液体のままだったと考えられています。まだ陸地に進出する前の生物たちは、氷の下で生き延びることができたのです。

また、火山のまわりなどには、局所的に氷が薄い場所などもあり、そこに生物が生息していた可能性もあります。

少なくとも3回凍結した

じつは、スノーボール・アースは、たった一度の出来事ではありません。地球の歴史の中で、少なくとも3回、全球凍結が起こったと考えられています。

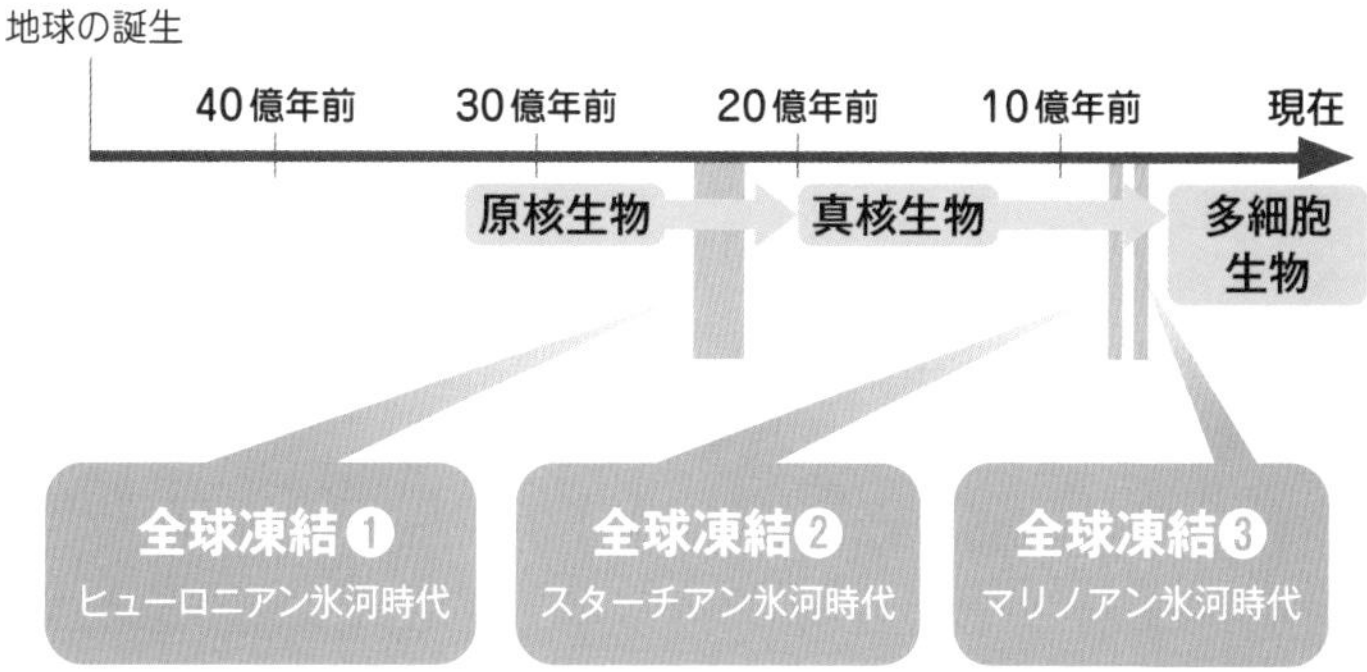

地球の誕生

40億年前　30億年前　20億年前　10億年前　現在

原核生物 → 真核生物 → 多細胞生物

全球凍結❶ ヒューロニアン氷河時代

全球凍結❷ スターチアン氷河時代

全球凍結❸ マリノアン氷河時代

▲地球はこれまで、少なくとも３度、赤道まで氷で覆われる「スノーボール・アース」状態を経験したと考えられている。

❶1回目は、24億～21億年前、**ヒューロニアン氷河時代**の全球凍結です。この全球凍結については、隕石の衝突によって終わったのではないかという最新の説が発表されています。❷2回目は7億3000万～7億年前、**スターチアン氷河時代**の全球凍結。そして❸3回目は6億5000万～6億3500万年前、**マリノアン氷河時代**の全球凍結です。

生命の始まりから長い間、生物は、単細胞で核膜をもたない**原核生物**ばかりでしたが、❶のあと、核を守る膜をもつ**真核生物**が登場します（106ページ参照）。また、❸のあとには**多細胞生物**が大量に発生し、生物が大型化しました（108ページ参照）。スノーボール・アースは結果的に、**生物の進化をうながす要因になった**と考えられています。

10

地球は温暖化と寒冷化をくり返してきた

氷河時代と氷期・間氷期

氷河時代とは何か

地球46億年の歴史の中では、温暖化と寒冷化がくり返されてきました。

寒冷な時代には、**氷河**（176ページ参照）が発達し、広く地表を覆います。そのような大陸規模の面積をもつ氷河を**氷床**（ひょうしょう）といい、地球上に氷床が存在する時代を**氷河時代**（ひょうがじだい）といいます。

氷河時代の中にも、寒さが厳しい時期と、比較的あたたかい時期があります。

より寒冷で、氷河が緯度の低いほうまで進出している時期は、**氷期**（ひょうき）と呼ばれます。赤道まで氷に覆われる**スノーボール・アース**（**全球凍結**）は、氷期の中でも特に寒冷な状態です。

逆に、氷河時代ではありながらも比較的温暖で、氷河が高緯度地域にしか存在しない時期は、**間氷期**（かんぴょうき）と呼ばれます。

現在は氷河時代の間氷期

現在わかっている中で、最も古い氷河時代は、29億年前の**ポンゴラ氷河時代**です。

そののち、24億5000万～22億2200万年前の**原生代前期氷河時代**（げんせいだいぜんき）の中で、**ヒューロニ**

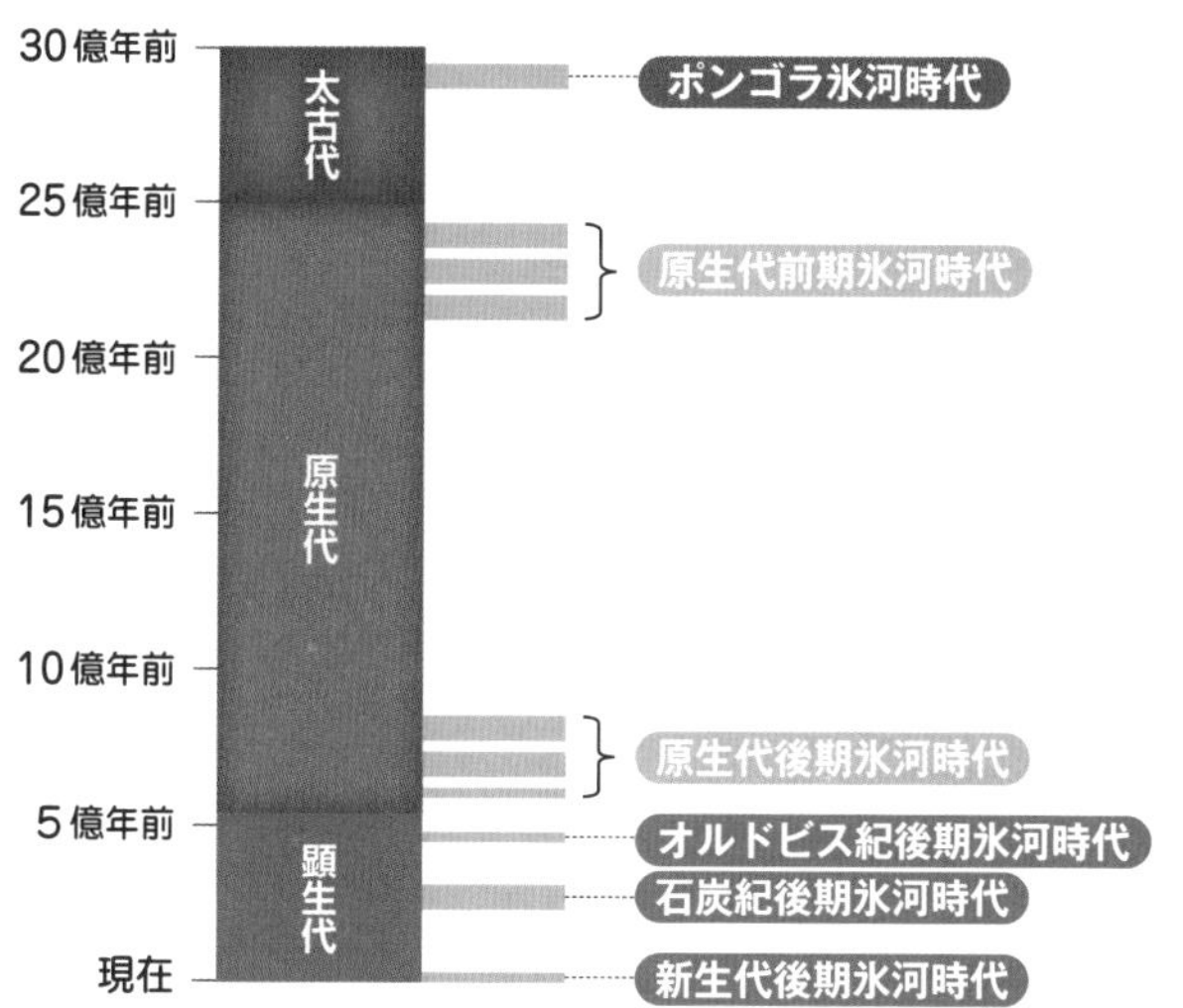

▲地球の歴史の中で、これまでにわかっている「氷河時代」。「太古代」「原生代」などは、「地質年代」の名前である（138ページ参照）。

アン氷河時代の全球凍結が起こりました。

また、７億３０００万〜６億３５００万年前の**原生代後期氷河時代**には、**スターチアン氷河時代**と、**マリノアン氷河時代**の全球凍結が含まれます。

４億６０００万年前の**オルドビス紀後期氷河時代**と、３億年前の**石炭紀後期氷河時代**を経て、４３００万年前からは**新生代後期氷河時代**が続いています。現在も、南極やグリーンランドに大陸規模の氷床があるため、氷河時代なのです。

過去80万年ほどの間、気候は10万年周期の変動をくり返しています。その周期性は、地球の**歳差運動**（36ページ参照）によるものだと考えられています。今のところ最後の氷期（**最終氷期**）は1万年前に終わっており、現在は間氷期です。

年代測定の技術

過去の地球に起こった出来事の年代は、どのように推定されているのでしょうか。

年代測定については、多様な技術がケースバイケースで使い分けられているのですが、代表的な方法のひとつに、**放射年代測定**があります。その概略を紹介しましょう。

自然界の物質は**原子**という極小のユニットから構成されていますが、中には、原子としての構造が不安定なものがあります。そのような原子は、**放射線**というものを出しながら、別の種類の原子に変わっていきます。

このような現象を**放射性崩壊**といいます。また、放射性崩壊を起こす元素を**放射性元素**、そんな元素でできた物質を**放射性物質**といいます。

放射性崩壊は、規則正しいテンポで進行します。そのテンポは、**半減期**という指標で測られます。半減期とは、「その原子がたくさんある中で、半分が放射性崩壊によって別の原子に変わるのにかかる時間」です。

たとえば、**炭素14**というものの半減期は5730年です。もともと100個の原子があったとしたら、5730年後には50個に減っているということです。

この放射性崩壊の半減期を利用して、生物の死骸や岩石などの試料の古さを調べるのが、放射年代測定です。放射年代測定の中にもさまざまな方法があり、「何の原子で測定するか」など、試料の性質に合わせて最適な方法を選択する必要があります。

第4章

生命の進化の秘密

01

生命とは何か

どんな条件があり、どう分類される？

生命の3つの条件

この章では、38億年以上前に登場した**生命**が、どのような**進化**の道筋をたどってきたのかを見ていきます。

しかし、その歴史を追いはじめる前に、確認しておきたいことがあります。そもそも、「生命」とは何なのでしょうか。

じつは、「生命」の定義に関しては、専門の研究者たちの間でも、統一の見解はありません。とはいえ、多くの研究者が、次の3点は生命の条件だといえると考えています。

Ⓐ**細胞膜**をもつ
Ⓑ**代謝**を行う
Ⓒ**自己複製**の能力をもつ

すべての生命は**細胞**という単位からできています。その細胞を包んでいるのが、Ⓐの細胞膜です。

Ⓑの代謝とは、物質やエネルギーが流れて新しくなっていくことです。そしてⒸは、「子孫を遺すことができる」と考えればよいでしょう。ただし生物の中には、「子孫」ではなく「自分自身」をコピーして増やすものもあります。

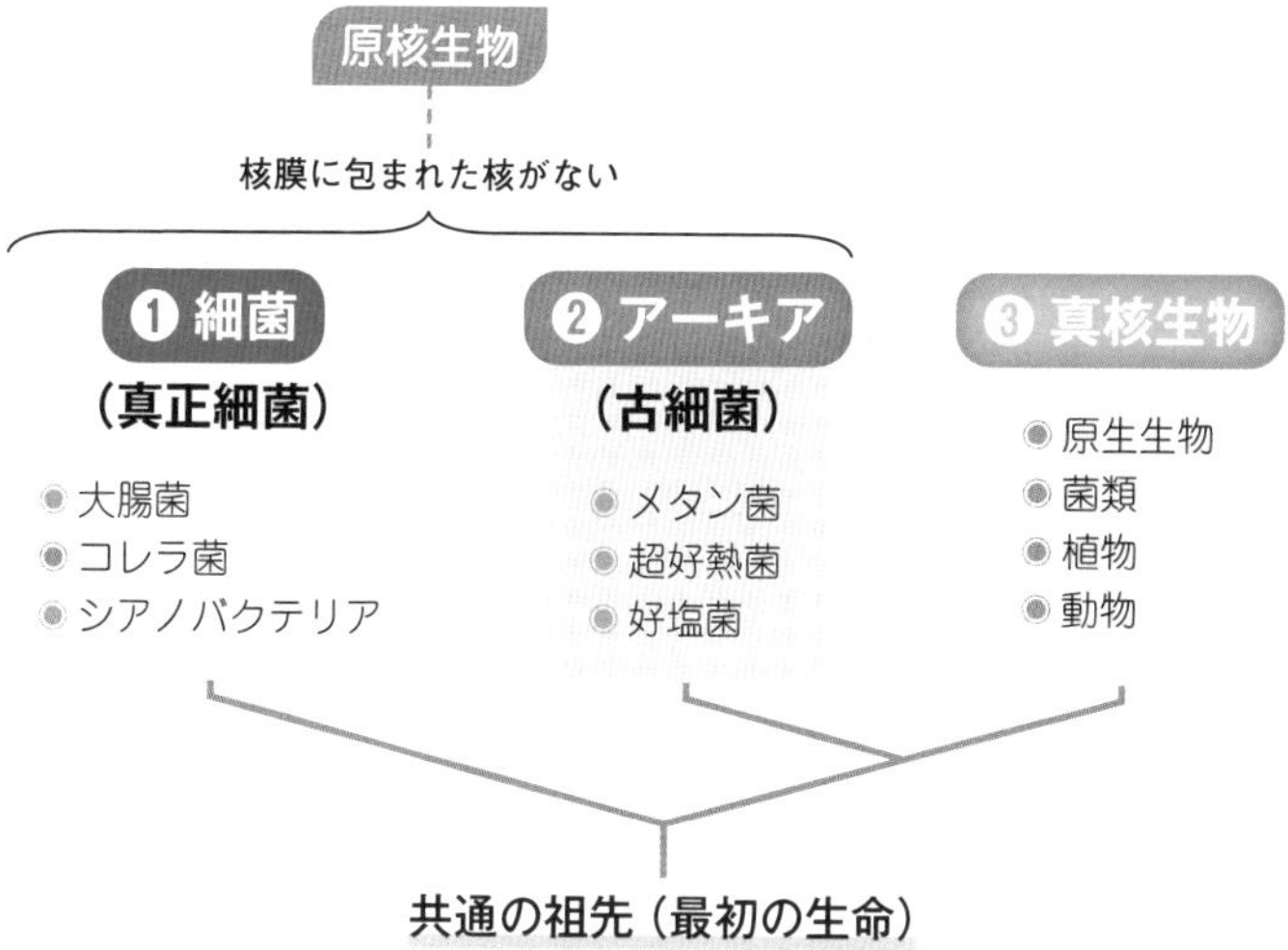

原核生物

核膜に包まれた核がない

❶細菌
（真正細菌）
- 大腸菌
- コレラ菌
- シアノバクテリア

❷アーキア
（古細菌）
- メタン菌
- 超好熱菌
- 好塩菌

❸真核生物
- 原生生物
- 菌類
- 植物
- 動物

共通の祖先（最初の生命）

▲「3ドメイン説」による、生物の最も大きな分類。たくさんの植物や動物は、「真核生物」の一部を占めるにすぎない。

植物と動物だけではない

私たちは「生物」の大きな分類として、「植物か動物か」ということを考えがちです。

しかしじつは、「植物か動物か」は、生物の最も大きな分類ではありません。**植物でも動物でもない生物はたくさんいる**のです。

現在の生物学で、大きな分類として主流となっているのは、アメリカの微生物学者**カール・ウーズ**（1928〜2012年）によって提唱された**3ドメイン説**というものです。

この説では、現在の地球上に存在する生物を、**ドメイン**と呼ばれる3つのグループに分けます。その3つのドメインは、**❶細菌（真正細菌）**、**❷アーキア（古細菌）**、**❸真核生物**です。

3ドメイン説

❶の細菌は**単細胞生物**で、**大腸菌**や**シアノバクテリア**をはじめ、多くの種類があります。❷のアーキアは、1977年に発見されました。多くの場合、特殊な環境にいる単細胞生物であり、かつては❶に含まれると考えられていましたが、実際は別の進化の道筋をたどり、まったく違った生物になっています。

ただし、❶と❷には共通点があります。細胞に、**核**という器官を明確に区切る**核膜**がないことです。そのことから、❶と❷は合わせて**原核生物**と呼ばれます。

これに対して、❸は細胞の中に核をもつため、真核生物と呼ばれるのです。その中のほんの一部が、**植物**や**動物**です。たとえば、単細胞生物の**アメーバ**や**ゾウリムシ**も❸に含まれますが、植物でも動物でもありません。

DNAによる分類

私たちは、「見た目が似ている生物は、近い種類だろう」と考えがちです。

しかし、「見た目が似ていること」は、単なる偶然かもしれません。

3ドメイン説にもとづく生物の分類は、「見た目」によるものではなく、**DNA**（**デオキシリボ核酸**）を調べることで作られたものです。

生物の細胞内には、DNAという物質があります。この物質には、「どのような体を作るか」

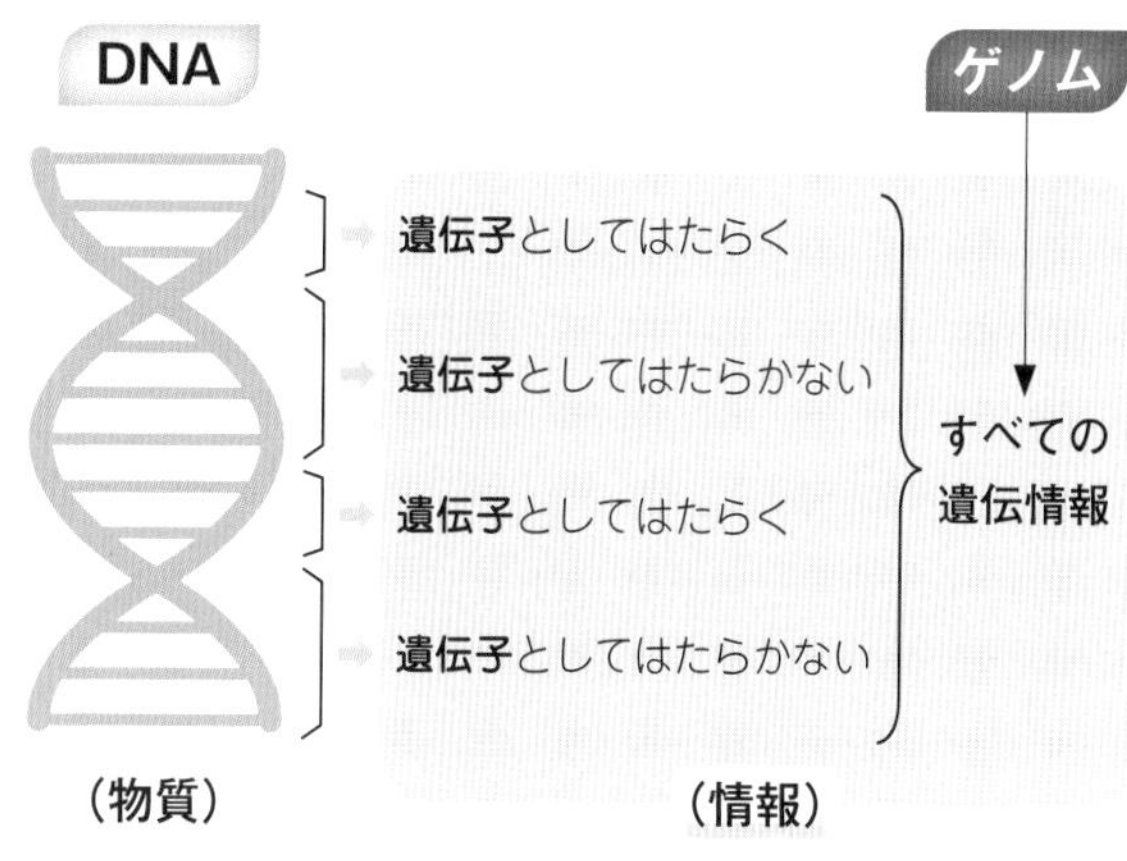

▲「遺伝子」は、生物の体のさまざまな箇所について「どう作るか」を決める情報である。これは「DNA」という物質の中に存在する。DNAには、遺伝子としてはたらかない部分も多いが、それらも遺伝情報として何らかの機能をもつと考えられている。遺伝子としてはたらく部分とはたらかない部分を合わせた「全遺伝情報」は、「ゲノム」と呼ばれる。

を決める情報が入っており、それを**遺伝子**（いでんし）といいます。また、この情報が、親から子に受け継がれていくことを、**遺伝**（いでん）といいます。

生物は、共通の祖先から出発しながらも、それぞれ違った進化の道を進むことで、多くの種に分かれてきました。

大ざっぱにいうと、「別の種に分かれる」とは、「別のＤＮＡをもつようになる」ことだといえます。早い段階で別の種に分かれ、長い間、違う方向に進みつづけてきた生物どうしは、たとえ見た目が似ていても、ＤＮＡを比べるとかけ離れています。逆に、ＤＮＡが似ている生物どうしは、最近まで同じ種だったと考えられます。

ですから、ＤＮＡを調べて比べれば、「進化の歴史の中での近さ」によって生物を分類することができるのです。

02 進化とは何か

自然選択と分岐進化を正しく理解する

誤解の多い進化論

生命の歴史を見ていくときに、もうひとつ押さえておかなければならないのが、**進化**という考え方です。

「進化」という言葉は、日常会話にもよく登場し、コマーシャルなどにも多用されていますが、じつは、誤解されていることがたいへん多いといわざるをえません。

「生物は、共通の祖先から進化してきた」とする**進化論**(しんかろん)は、古代から存在していましたが、イギリスの生物学者**チャールズ・ダーウィン**(1809~1882年)の功績によって、19世紀半ば以降、科学的理論として整備されました。ここでは、最も大事なポイントとして、ダーウィンの進化論の中心にある❶**自然選択**(しぜんせんたく)(**自然淘汰**(しぜんとうた))と❷**分岐進化**(ぶんきしんか)の考え方を説明しましょう。

▲ダーウィン。

自然選択と分岐進化

同じ種の生物でも、個体ごとに少しずつ違い

生まれつき少しずつ形質の違いがある

毛が長いほうが生き延びて子孫を遺しやすい

毛が短いほうが生き延びて子孫を遺しやすい

時間の経過とともに別々の種に分かれる

ⓐ毛の長い種

ⓑ毛の短い種

▲ダーウィンの「進化論」では、生まれつきの形質の違いが、偶然的に、「生き延びて子を多く遺せるか」につながると考えられる。これが❶「自然選択」である。そして自然選択の結果として、もともとひとつの種だったものが、別の進化の道をたどることになる。これが❷「分岐進化」である。

をもっていて、たとえば、ⓐ毛が長いものたちもいれば、ⓑ短いものたちもいます。

そして、ある環境Ⓐではⓐ毛が長いほうが、別の環境Ⓑではⓑ毛が短いほうが、生存に有利だとしましょう。すると、環境Ⓐではⓐ毛の長い個体たちが多く生き残って、よりたくさんの子を遺(のこ)します。逆に、環境Ⓑではⓑ毛の短い個体たちの子が多くなります。

このように、偶然環境に適応する形質をもっていた個体が、結果的に子を多く遺し、その繰り返しによって特徴が顕著になっていくことを、❶自然選択といいます。

そして、環境ⒶとⒷでそれぞれ自然選択が起こった結果、Ⓐに**適応**(てきおう)したⓐ毛の長いものたちと、Ⓑに適応したⓑ毛の短いものたちは、別々の種になって、違う進化の道をたどりはじめるのです。これが、❷分岐進化です。

「弱肉強食」ではない

進化論に関して、最も多い誤解のひとつは、❶の自然選択を「すぐれた生物だけが生き残り、子孫を繁栄させる」というふうに解釈することです。さらにこれをひっくり返して、「現在、繁栄しているものはすぐれた種であり、弱い立場にあるものは劣った種である」と主張する立場もあります。

これは間違いです。「自然選択」は、「弱肉強食」ではありません。

生き残るのは、たまたまその環境に合った形質をもっていた個体です。その個体は、「生存のためにすぐれた形質をもとう」と努力して変化するのではなく、ただ偶然もっていた形質のおかげで、結果として生き残るだけなのです。

そして、そんな個体が子孫を遺すと、その形質が受け継がれて、環境に適応した種ができていきます。

進化は進歩ではない

進化論についてよく見られるもうひとつの誤解は、進化を「進歩」と同一視するものです。

ダーウィン以前の進化論も、基本的に、「進化が進むと、より高等な生物になる」という進歩主義的な考え方でした。

この考え方からすると、たとえば**ゾウリムシ**

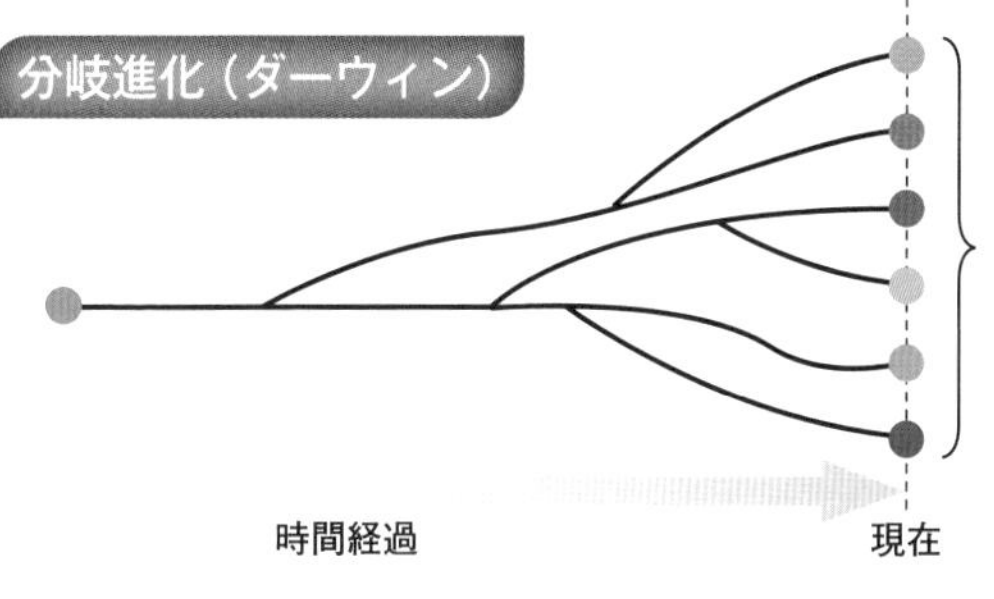

▲「進歩主義」的な進化論と、ダーウィンの進化論の、基本的な考え方の違い。

は、大昔の姿のままでとどまってしまった、「進化の遅れた生物」だと思われるでしょう。逆に**哺乳類**（ほにゅうるい）などは、より高度な機能を手に入れた、「進化の進んだ生物」だということになります。

しかし、これは間違いです。

ダーウィンは、進化とは「下等な生き物から、高等な生き物が出てくる」という前進的なものではなく、「それぞれの環境に適応して、違う道に分かれる」という横方向の分岐だと理解していました。❷の分岐進化とはこういうことです。

大昔の姿のままで問題なく生存できるなら、「わざわざ変化せず、従来の形を守る」ことが最適解です。進化には「進んだ生物」も「遅れた生物」もなく、**今この瞬間、すべての生物が「進化の最先端」に横並びになっている**のです。

03

メタンやアンモニアから段階的に進化？

最初の生命の誕生

38億年前の生命の痕跡

それではいよいよ、生命の進化の歴史を追っていきましょう。まず、**最初の生命**は、いつ誕生したのでしょうか。

残念ながら、この謎はまだ解明されていません。しかし、多くの研究者たちが、「遅くとも**38億年前**には、生命が存在していたはずだ」と考えています。

その証拠とされるのは、グリーンランドの38億年前の地層から発見された黒いシミです。

そのシミは炭素のかたまりであり、**38億年前**

▼最初の生命のイメージ。

の生物が生命活動を行った痕跡だと考えられるのです。1999年に、デンマークの地質学者**ミニック・ロージング**（1957年〜）によって報告されました。

現在では、そこからさらにさかのぼって、「40億年以上前に最初の生命が誕生した」と主張する研究者も増えてきました。

化学進化

では、最初の生命は、どのようにして誕生したのでしょうか。

旧ソ連の生化学者**アレクサンドル・オパーリン**（1894〜1980年）は、**化学進化**という考え方を示しました。その理論によると、地球上に存在した非生命の物質は、3つの段階を経て生命へと変わりました。

❶まず、大気中の**メタン**や**アンモニア**が反応し、**アミノ酸**や**塩基**が作られます。

❷次に、そのアミノ酸がたくさんつながって、**タンパク質**を作ります。また、塩基は**核酸**を構成します。それらは海の中に溜まり、生命のもととなる「原始スープ」になります。

❸その「原始スープ」のタンパク質や核酸が、膜で包まれることで、**原始細胞**が生まれます。

こうして最初の生命ができたというわけです。

この説が発表された20世紀前半には、アミノ酸などの化合物は、生物によってしか作られないと考えられていました。ですから、そもそも❶からして成立しないということで、化学進化の説はあまり受け入れられませんでした。

しかし１９５３年、**ユーリー＝ミラーの実験**によって、化学進化は再注目されることになります。

この実験は、当時はまだ大学院生だったアメリカの化学者**スタンリー・ミラー**（１９３０〜２００７年）が、指導教官である化学者**ハロルド・ユーリー**（１８９３〜１９８１年）とともに行ったものです。

ミラーらは、フラスコの中に原始地球の大気を再現し、雷のように電気を加えました。すると、アミノ酸や塩基がフラスコの底に溜まりました。つまり、ありえないと思われていた化学進化の❶のプロセスが、実際に起こりうることが示されたのです。

現在では、化学進化は、生命誕生の有力なシナリオとみなされています。

生命が誕生した場所は？

生命を生んだ海は、さまざまな元素が溶け込んだ「原始スープ」だといわれます。「スープ」というと、太陽の熱である程度あたためられた、ぬるい海を想像されるのではないでしょうか。

そういう海であれば、太陽光で**光合成**（光エネルギーを使って、**水と二酸化炭素**から**炭水化物**を合成し、栄養を得るはたらき）を行うこともできそうです。生きるにはもってこいだといえます。実際、かつては多くの研究者が、「最初の生命が生まれたのは浅い海だろう」と考えていました。

しかし近年、化石として発見されているものの中では最も古い35億年前の微生物が、深海に生息していたことがわかりました。そこには太陽の光は届かず、光合成はできません。

このことから、「最初の生命も、浅くてぬるい海ではなく、深海で誕生したのではないか」と考えられるようになりました。

現在、最初の生命のふるさととして有力視されているのは、**海底熱水噴出孔**(かいていねっすいふんしゅつこう)のまわりです。

海底熱水噴出孔とは、マグマであたためられた高温の水が噴き出してくる海底の穴です。熱水中に、化学進化の材料となるメタンやアンモニアもたくさんあります。最初の生命は、穴のまわりの化学反応からエネルギーを得ていたのではないかと考えられています。

発生した生命の中には、噴き出す水に乗って海面近くへ運ばれるものもあったでしょう。そのほとんどはエネルギーの供給源を失って死にますが、やがて、太陽光のエネルギーで生きられるものが出てきます。長い時間をかけた進化の中で、**光合成を行う生物**が出現するのです。

▼最初の生命は、「海底熱水噴出孔」で誕生したのではないかと考えられている。

04 大酸化イベント

ほとんどなかった酸素が大気中に急増!!

地球を変化させた新生物

光合成には、**水**と**二酸化炭素**から**炭水化物**を合成する際、**酸素**を発生させるタイプと、発生させないタイプがあります。現在の植物は酸素を出す光合成を行いますが、生命史の初期に**単細胞**の**原核生物**（94ページ参照）たちが行っていたのは、酸素を発生させない光合成でした。

ですからその頃の地球では、大気中に酸素がほとんどありませんでした。多かったのは、二酸化炭素や**メタン**といった**温室効果ガス**（57ページ参照）です。空の色も現在とは違い、メタ

▼「シアノバクテリア」は、砂や泥の表面に定着して「光合成」を行い、下の写真のような「ストロマトライト」という層状構造を形成する。

ンの化学反応でできる微粒子のため、赤かったはずだといいます。

しかし29億年前、酸素を出す光合成を行う、**シアノバクテリア**という新しいタイプの原核生物が出現しました。

シアノバクテリアは数を増やし、どんどん酸素を放出。その結果、激増した酸素は、24億～20億年前には現在の100分の1レベルに達しました。これを**大酸化イベント**（だいさんか）といいます。

この事件の面白い点は、**生物の活動が、地球環境を大規模に変化させた**ところです。

大気中では、酸素と反応することでメタンが減少したため、空は青くなりました。

また、二酸化炭素も光合成に使われて、**温室効果ガス**が減ったため、地球が寒冷化し、**全球凍結**（84ページ参照）の一因ともなったのです。

酸素のある環境への適応

24億～21億年前の全球凍結中は、シアノバクテリアも氷の下に閉じ込められ、光合成量も減りました。しかし、凍結が解除されると、生き延びたシアノバクテリアは爆発的に増殖し、さかんに光合成を行います。結果、大気中の酸素濃度はますます上昇しました。

そもそも酸素には、生物を構成する有機物を破壊する、危険なはたらきがあります。シアノバクテリア以前の生物は、酸素から身を守る術（すべ）をもっていませんでした。しかし、現に酸素が増えてしまった以上、酸素のないところに逃げるか、酸素に対応するかしかありません。酸素のある環境に適応する進化がうながされました。

05

単細胞生物は飛躍的に複雑化した!!

真核生物の登場

原核生物たちの共生

全球凍結を生き延びた**単細胞**の**原核生物**たちの中に、**酸素呼吸**(さんそこきゅう)ができるものが現れました。地球に増えた**酸素**を使って、栄養を分解し、大きなエネルギーを得られるようになったのです。

また、別の種類の原核生物は、この酸素呼吸する生物を、自分の細胞膜の中に取り込み、**共生**(きょうせい)を始めました。

共生とは、複数の種類の生物が、ともに暮らすことで利益を得る仕組みです。この場合、取り込んだ側は酸素呼吸のエネルギーを活用することができますし、取り込まれた側は、より安全に生存することができます。

酸素呼吸する生物を取り込んだ原核生物は、サイズが大きくなります。さらに、**光合成**を行う**シアノバクテリア**とも共生するものが出てきました。呼吸のための酸素を発生させるシステムも手に入れたのです。

複雑で大きな細胞に

そして21億年前、**真核生物**(しんかくせいぶつ)が登場しました。

真核生物は、**核**という器官をもっています。

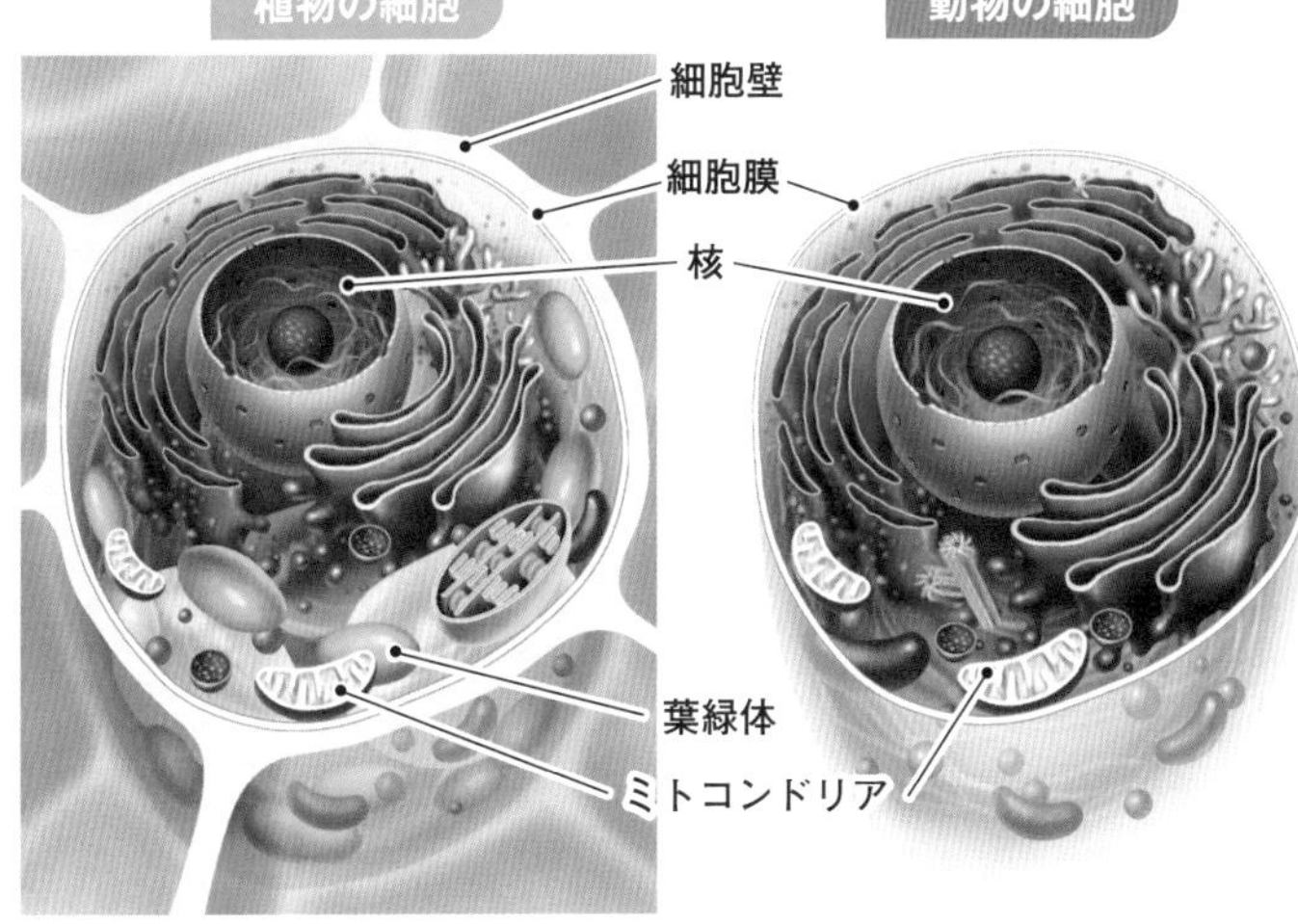

▲「真核生物」である植物（左）と動物（右）の細胞。

これは、自分の大事な**ＤＮＡ**（94ページ参照）を**核膜**で包んだものです。核膜があるおかげで、ＤＮＡは酸素の危険にさらされずにすみ、より大きく、より多くの遺伝情報を記録できるようになっていきます。

共生して酸素呼吸を行っていた生物は、**ミトコンドリア**という器官として、真核生物の細胞内に定着しました。

また、光合成を行うシアノバクテリアは、**葉緑体**（ようりょくたい）と呼ばれる器官になりました。

真核生物の細胞は、それまでの原核生物と比べて、段違いに複雑な構造です。大きさも、原核生物の１００万倍に及ぶほどでした。

こうして生命は、酸素というやっかいな相手に対応しながら、複雑な形に進化していったのです。

06 多細胞生物が現れる

たくさんの細胞が集まって役割分担

「退屈な10億年」

真核生物が登場したあと、今から19億年前に**ヌーナ超大陸**が出現しました（80ページ参照）。しかし、大陸の上には草の1本も生えていませんでした。当時の地球には、陸上に進出できるような植物も、動物もいなかったのです。

そんなヌーナ超大陸も、やがて分裂して消えてしまいます。11億年前には**ロディニア超大陸**ができましたが、ここにも動植物はいませんでした。18億年前から8億年前までは、「**退屈な10億年**」と呼ばれたりもします。

全球凍結の危機を越えて

しかし、7億3000万年前から、6億3500万年前にかけて、またも**全球凍結**が起こります。その原因として推測されているのは、ロディニア超大陸の分裂に影響された気象の変化や、**宇宙線**の影響で厚い雲が作られ、太陽光が届かなくなったことなどです。

この全球凍結は、地球の生物たちを危機に陥れましたが、生命はこのような危機を経験すると、加速的に進化します。

全球凍結が終わる頃、**真核生物**の中から、**多**た

▲6億3000万年前に生まれた最初の「多細胞動物」は、「カイメン」だった。

細胞生物(さいぼうせいぶつ)が現れました。

それまでの生物はひとつの細胞だけで生きていたのですが、多くの細胞が集まり、**役割分担**をするようになったのです。多細胞生物は、単細胞の真核生物の100万倍もの大きさをもつようになります。そして、最初の**多細胞動物**である**カイメン**が生まれました。

多細胞生物が登場した理由は、完全に解明されているわけではありませんが、海洋の中の**酸素**濃度が上昇したことが、大きく影響しているのではないかと考えられています。

たくさんの細胞が集まって、表面の細胞だけが酸素にふれるようにすれば、リスクが小さくなります。また、酸素が増えたことで、細胞を接着する**コラーゲン**を作りやすくなったのではないかという説もあります。

07

奇妙な生き物たちの楽園が広がる

エディアカラ生物群

大型生物の平和

多細胞生物は、海の中で数と種類を増やします。そして、5億8000万年前から5億5000万年前にかけて、**エディアカラ生物群**（せいぶつぐん）と呼ばれる大型の生き物たちが、奇妙な姿を現しました。

エディアカラ生物群の動物たちは、硬い骨をもたず、やわらかい体をしていました。防御のための殻（から）や、攻撃のための歯ももっていなかったようです。

このことから、ほかの生物を襲ったり、ほかの生物から襲われたりすることは、あまりなかったのではないかと考えられています。戦いがなかったため、眼などの複雑な感覚器官も必要ありませんでした。

大きな生物たちが、捕食者のいない世界でのんびりと生きていた様子は、旧約聖書の楽園「エデンの園」になぞらえて「エディアカラの園」とも呼ばれます。

「エディアカラ」という名称は、南オーストラリアのエディアカラ丘陵（きゅうりょう）に由来します。エディアカラ生物群の化石は、その地域で発見されて注目されたのです。現在では、ほかの大陸でも多くの場所で化石が見つかっています。

▲「エディアカラ生物群」のイメージ。

代表的な生き物たち

エディアカラ生物群を代表する動物に、**ディッキンソニア**がいます。大きいものだと直径1メートルにもなる、ピザ生地のように扁平な生き物です。浅い海の底を這い、泥の中のバクテリアを食べていたと考えられています。

海底から生えた巨大な葉っぱのような、**カルニオディスクス**という生き物もいました。50センチくらいまで大きくなり、漂ってきた微生物を濾し取って食べていたようです。

こういった生き物たちは、当時としては最も複雑に進化したものでしたが、現在の生物の姿とはまったく違います。大量絶滅により、のちの時代につながりを残せなかったようです。

08

硬い組織をもつ動物が急激に増える

カンブリア大爆発

動物の原型が出そろう

エディアカラ生物群は、**地球の生命が多様化したこと**を示しています。しかし、やわらかい体の生物たちは、あまり化石に残らないので、その実態がわかりづらいといえます。

5億4000万年前、さらに多様化した動物は殻や脚をもつようになり、**節足動物**が登場しました。硬い組織をもつ動物は、よく化石に残ります。化石記録が飛躍的に増えたため、「新しい生物が爆発的に現れた」という劇的な印象がもたらされ、この時期の生物の多様化は**カンブリア大爆発**と名づけられました。

眼をもつ動物も現れました。襲ってくる相手や襲う標的の位置を知ることができるようになり、生存のための激しい戦いが生まれました。代表的な生物は、**アノマロカリス**です。飛び出た1対の大きな眼と触手をもち、当時の生態系の頂点に立っていたと考えられています。

そのほか、**脊索**と呼ばれるやわらかい軸をもつ**ピカイア**、5つの眼をもち長い鼻を突き出した**オパビニア**など、奇妙な動物たちが知られています。**カンブリア紀**（5億4100万～4億8540万年前）と呼ばれるこの時代に、現在の動物の原型が出そろったといわれます。

▲「カンブリア紀」の海のイメージ。

魚たちの進化

魚類もカンブリア紀に誕生しました。最初は小さく弱い存在でしたが、**デボン紀**（4億1920万〜3億5890万年前）と呼ばれる時代には、とても強力な武器を手に入れました。**アゴ**をもつようになったのです。

アゴがあることで、獲物を強い力で捕らえ、噛み砕くことができます。捕食する能力が飛躍的に上がるのです。私たち人類を含めた、以後のすべての**脊椎動物**が、ここで発生したアゴの恩恵を受けています。

アゴを獲得した魚類は多様化し、大きな体をもつものも現れて、海の生態系における頂点の座を奪うことになります。

09

生物の陸上進出

植物の次に昆虫が、そして両生類が続く

オゾン層の形成

単細胞の原核生物である**シアノバクテリア**（105ページ参照）は、かなり早い時期から、大陸の川や湖などのまわりに生息していたことがわかっています。

しかし、太陽からの有害な**紫外線**（しがいせん）が緩和される水中とは違い、陸上は生物にとって危険な場所でした。植物や動物が本格的に陸上に進出してくるのは、地球の上空に**オゾン層**が形成され、紫外線をかなりの程度防いでくれるようになってからです。

オゾンは、**酸素**原子が3つくっついてできる気体です。大気中の酸素濃度が高まることで、オゾン層が作られていきました。

植物、そして動物が上陸

そして**オルドビス紀**（4億8540万〜4億4380万年前）という時代に、植物が陸上に進出したと考えられています（その前の**カンブリア紀**から進出が始まったとの説もあります）。

陸上に出た植物は、**光合成**のための太陽光を、より多く受けられるようになります。植物は内

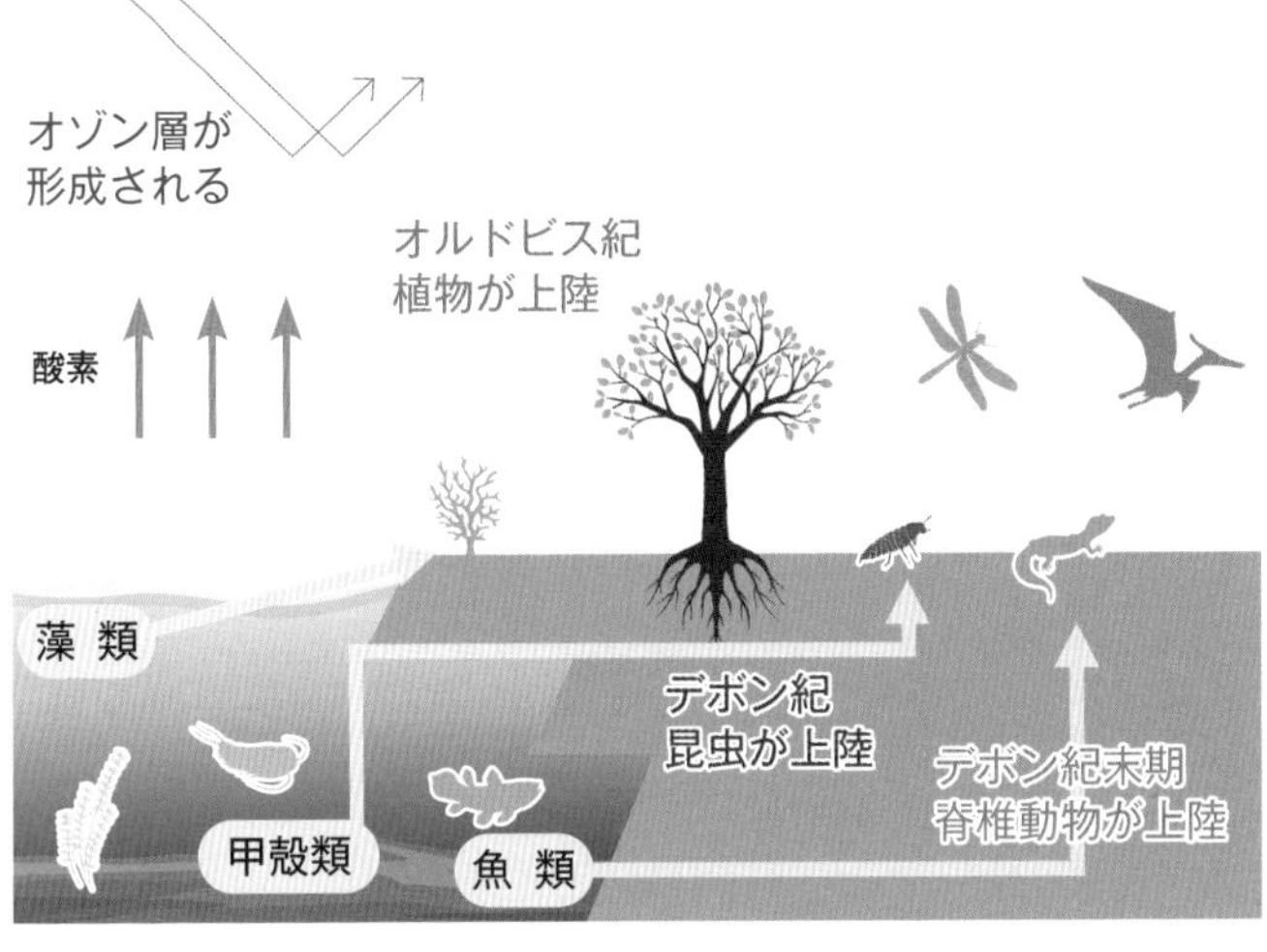

▲「オゾン層」の形成が、生物たちの陸上進出を助けた。

陸部へと広がりながら巨大化し、大森林を作るようになりました。

デボン紀（4億1920万～3億5890万年前）には、**昆虫**が陸の上に出てきました。昆虫たちの体は殻に覆われているので、地上の強い重力に耐えられたのです。水中で使っていた**気門**という呼吸器官も、陸上での生活にそのまま使えました。

そしてデボン紀の末期、魚類から**両生類**の祖先が生まれます。まだ水中で生活していましたが、4本の脚と脊椎、肋骨をもっていました。そしてそれらを活かして、強い重力に耐えながら陸上へ進出してくるのです。呼吸方法は、えら呼吸から**肺呼吸**に切り替えていきました。

これは陸上に生息する初めての**脊椎動物**であり、はるかにのちの私たちにつながっています。

10

くり返される大量絶滅

全生物種の9割以上が姿を消した

多くの種が姿を消す

ここまで生命の歴史をたどる中で、「カンブリア紀」や「オルドビス紀」といった時代の名前が出てきました。これらは、24ページでふれた**地質年代**の区分です。

地質年代についてはまた138ページで説明しますが、地質年代の違いは、**それぞれの地層から出てくる化石の違い**を意味しています。

ある時代の地層から見つかる生物の化石が、別の時代の地層からは見つからなかったりするわけです。そのことからは、**生物の絶滅**が読み取れます。

これまで地球上に出現した生物のうち、9割以上が絶滅しています。中でも、多くの種が一気に姿を消す**大量絶滅**(たいりょうぜつめつ)が、過去5年間に5回起こっており、**ビッグファイブ**と呼ばれます。

過去の大絶滅

ビッグファイブの1回目は、**オルドビス紀末**(4億4380万年前)の大量絶滅です。気候の急変か、海水面の低下が原因だろうといわれています。

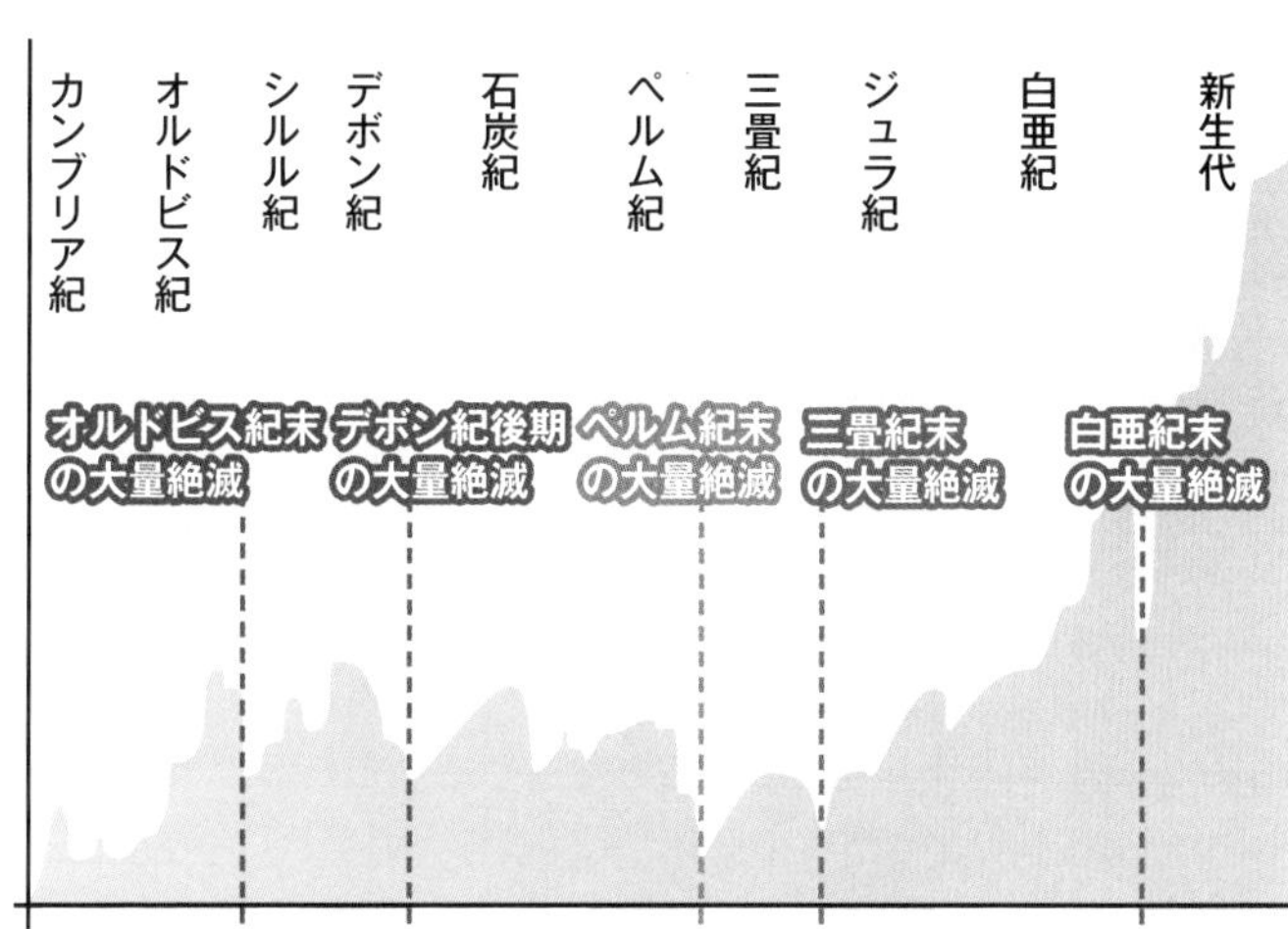

▲海洋生物の種類（「属」というグループの数）の推移。

2回目は**デボン紀後期**（3億7000万年前）、3回目は**ペルム紀末**（2億5190万年前）の大量絶滅です。これらについては、大規模な火山噴火がおもな原因であることが解明されたと、東北大学の研究グループが発表しています（ペルム紀末については2020年、デボン紀後期については2021年に発表）。

4回目は**三畳紀末**（さんじょうき）（2億130万年前）、5回目は**白亜紀末**（はくあき）（6600万年前）の大量絶滅です。白亜紀末には**恐竜**が絶滅しますが、これについては122ページで後述します。

これらの中で最大の絶滅は、ペルム紀末のもので、全生物種の90パーセント以上が消滅しました。ペルム紀（Permian period）と三畳紀（Triassic period）の境目ということから、頭文字を取って**P-T境界**と呼ばれます。

11 恐竜の繁栄

地上を支配した巨大な王者たち

パンゲアに栄える生物たち

ペルム紀末の大量絶滅によって、それまでの生態系がいったんリセットされました。これは、生き残った種にとっては大チャンスです。

そのころ、ちょうど**パンゲア超大陸**（82ページ参照）が形成されてきました。生物たちは、この超大陸の上で進化を続け、繁栄していきました。

両生類からは、**爬虫類**（はちゅうるい）につながる系統と、**哺乳類**（ほにゅうるい）につながる系統が分かれており、やがて爬虫類の中から、**恐竜**（きょうりゅう）が誕生します。

▼現在わかっている中で「最古の哺乳類」とされる「アデロバシレウス」も、「三畳紀」に出現した。体長10cmほどのこの小さな動物は、恐竜などから捕食されないように、ひっそりと身を隠して生きていたと考えられている。

▲「白亜紀」の恐竜たちのイメージ。

恐竜の時代

恐竜は、**三畳紀**（2億5190万〜2億130万年前）、**ジュラ紀**（2億130万〜1億4500万年前）、**白亜紀**（1億4500万〜6600万年前）の3つの時代にまたがって、さまざまな種を生み出していきました。

初期の恐竜は小型でしたが、温暖で恵まれた気候の中で、巨大な恐竜もたくさん現れました。特にジュラ紀以降、恐竜は陸上の生態系のトップに君臨します。

三畳紀、恐竜が登場したのと同じ頃には、小さな**哺乳類の祖先**も出現していましたが、夜行性で、襲われないようにひっそりと生きていたようです。

▲首長竜（上）と魚竜（下）のイメージ。

恐竜とその親戚たち

恐竜は、古生物ファンの枠を越えて、一般の人の間でも非常に人気があります。白亜紀の、最強の肉食恐竜**ティラノサウルス**や、3本の角をもつ植物食恐竜**トリケラトプス**などが特に有名です。

陸上で恐竜が栄えていたのと同じ時期、海の中では、**首長竜**(くびながりゅう)や**魚竜**(ぎょりゅう)といった水生爬虫類が繁栄しており、空には**プテラノドン**などの**翼竜**(よくりゅう)が羽ばたいていました。

こういった水中や空の爬虫類たちは、恐竜の一種だと思われがちですが、厳密にいうのであれば、分類学上は恐竜ではなく、あくまでその「親戚」です。

▲羽毛をもつ恐竜のイメージ（一例）。羽毛恐竜にはさまざまな種類があり、その一部が進化して、鳥類が誕生することになる。

恐竜から鳥が生まれた！

恐竜というと、現在の爬虫類と同じように、毛のない体を想像する人も多いかと思いますが、近年の研究では、**羽毛をもつ恐竜**もいたことがわかっています。前脚に羽毛が生えて、それを翼として滑空するものも現れました。

これは、翼竜の翼とはまったく違う構造です。翼竜の場合、前脚の端の指が長く伸びて、そこから後ろ脚との間に**皮膜**（皮膚の膜）が張られているのです。コウモリに似た構造です。

一方、羽毛恐竜の翼は、現在の鳥と同じ構造となっています。それもそのはず、羽毛恐竜の一部が空を飛ぶように進化して、**鳥類**が生まれたのです。鳥類は、恐竜の直系の子孫なのです。

12

長い栄華も終わりのときを迎えた

恐竜はなぜ絶滅したのか

巨大隕石の衝突

巨大な体で陸上をのし歩いた恐竜たちの栄華（えいが）は、1億6000万年以上という、とんでもなく長い期間にわたりました。

しかし、その恐竜も、6600万年前に地球上から姿を消します。**白亜紀末の大量絶滅**（117ページ参照）です。

その前から、恐竜は衰退してきており、種類が減っていたといいます。そこに追い打ちをかけたのが、現在のメキシコのユカタン半島にクレーターを残している、**巨大隕石**（いんせき）の衝突でした。

▼ユカタン半島の「チクシュルーブ・クレーター」は、白亜紀末の大絶滅を引き起こした巨大隕石の衝突でできたものである。

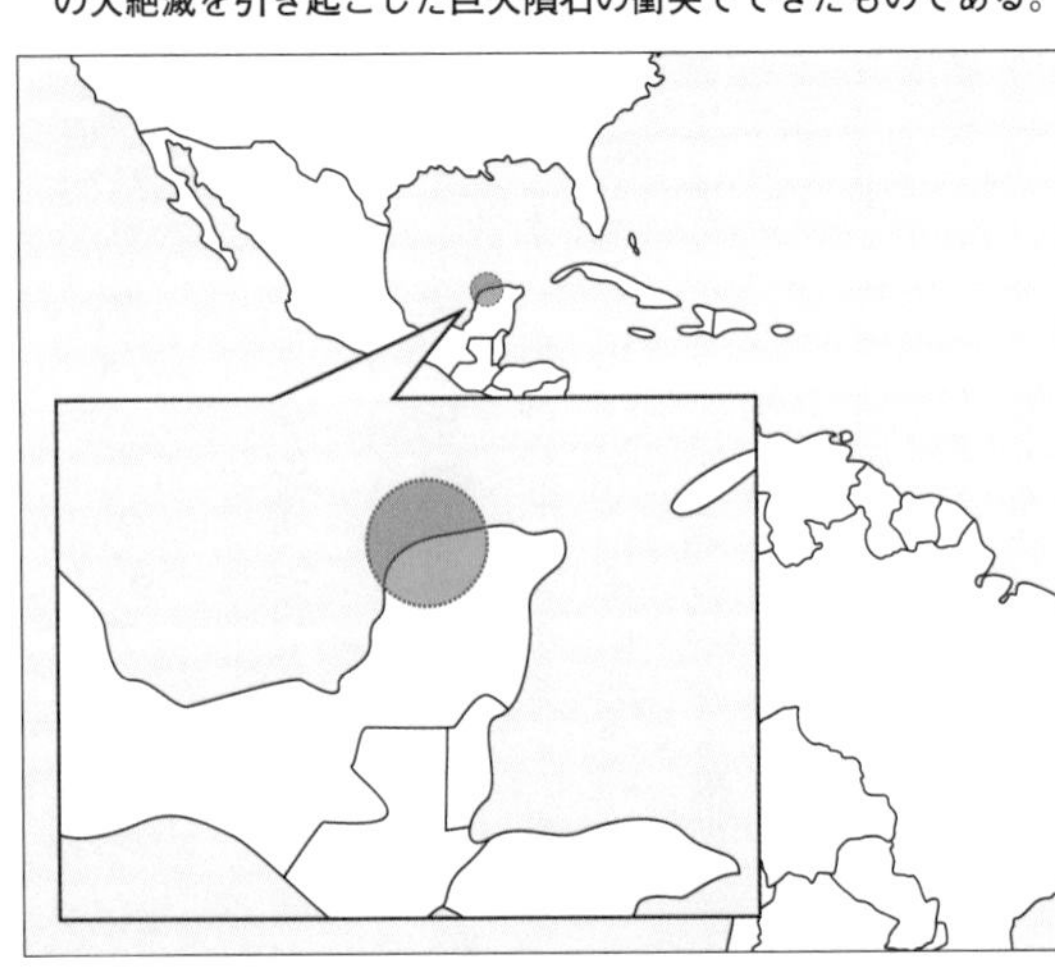

▲恐竜の絶滅のイメージ。

「衝突の冬」

隕石が地球に衝突しても、その衝撃で一瞬にして恐竜たちが死滅したわけではありません。大地震と大津波が引き起こされたあと、衝突によって発生した煙やすすが、地球全体に広がりました。それらが何年もの間、**成層圏**（40ページ参照）を覆い、太陽光を吸収したので、地上にはあまり光が射さなくなりました。

この「**衝突の冬**」の中、植物が枯れ、植物食の動物が飢え、それを捕食する肉食恐竜も飢えました。こうして恐竜は死滅していったのです。ただし、恐竜から進化した**鳥類**が生き残ったため、「恐竜がすべて絶滅したとはいえない」とする考え方もあります。

13

恐竜のいなくなった世界に満ちていった

哺乳類の台頭

真獣類と有袋類

6600万年前、地上を闊歩していた**恐竜**が姿を消したのち、大量絶滅を生き延びた**哺乳類**が、繁栄のときを迎えます。

哺乳類はもともと、恐竜と同時期（**三畳紀**）に登場しており（119ページ参照）、恐竜の栄華の裏で多様化していました。

そしてその中の、❶**真獣類**（しんじゅうるい）と❷**有袋類**（ゆうたいるい）というふたつのグループが、**白亜紀末の大量絶滅**を乗り越えたのです。

❶の真獣類とは、現在のほぼすべての哺乳類が属するグループです。その特徴は、**完全な胎生**（たいせい）にあります。**胎生**とは、卵を産むのではなく、親の体の中である程度の大きさまで成長させた子どもを産む繁殖形態です。子の生存率が高まるというメリットがあります。

❷の有袋類は、カンガルーやコアラのように、子を育てるための袋をもつグループです。未熟な状態で子を産み、袋に入れて育てます。

多様な哺乳類たち

恐竜という強力な外敵がいなくなった状況下

▲恐竜がいなくなったあとの世界で進化し、巨大化した哺乳類たち。

で、哺乳類たちは種類を増やしました。

ウマの祖先の**ヒラコテリウム**や、イヌやネコの祖先**ミアキス**は小型でしたが、サイの仲間で体長7・4メートルにも及ぶ**パラケラテリウム**や、体長3・8メートルの肉食獣**アンドリューサルクス**など、巨大な哺乳類たちも登場してきました。

また、5000万年前には、哺乳類の一部が海に進出しはじめました。ジュゴンやマナティ、クジラなどの祖先です。

サルや私たち人類が属する**霊長類**（れいちょうるい）も現れました。6500万～4860万年前頃に樹上生活を送っていた**プレシアダピス**という哺乳類が、霊長類に近い種類か、または遠い祖先だとされます。リスほどの大きさでしたが、ものをつかむことができる手をもっていました。

14

森林から追い出されて苛酷な環境に適応した

人類の誕生

分岐する類人猿

霊長類の祖先は、**ゴンドワナ大陸**（82ページ参照）で誕生しました。そして、ゴンドワナ大陸が分裂し、アフリカ大陸や南アメリカ大陸に分かれていく中、それぞれの地で進化し、多様化していきます。

1500万年前には、現在の**大型類人猿**（おおがたるいじんえん）すべての共通祖先が生息していました。その中から、まず**オランウータン**に至る系統が分かれ、そののち、**ゴリラ**に至る系統が分かれました。

そして700万年前、**チンパンジー**および**ボノボ**に至る系列と、**人類**の系統とが分岐します。現在わかっている中で最古の人類は、アフリカで化石が発見された、700万年前の**サヘラントロプス・チャデンシス**です。

最初の人類の特徴

700万年前頃のアフリカは、人類とチンパンジーの共通祖先にとって暮らしやすい森林が減少していく時期でした。

そのため、森林で生活していた類人猿たちの中から、疎林（そりん）や草原へと追い出されるものが出

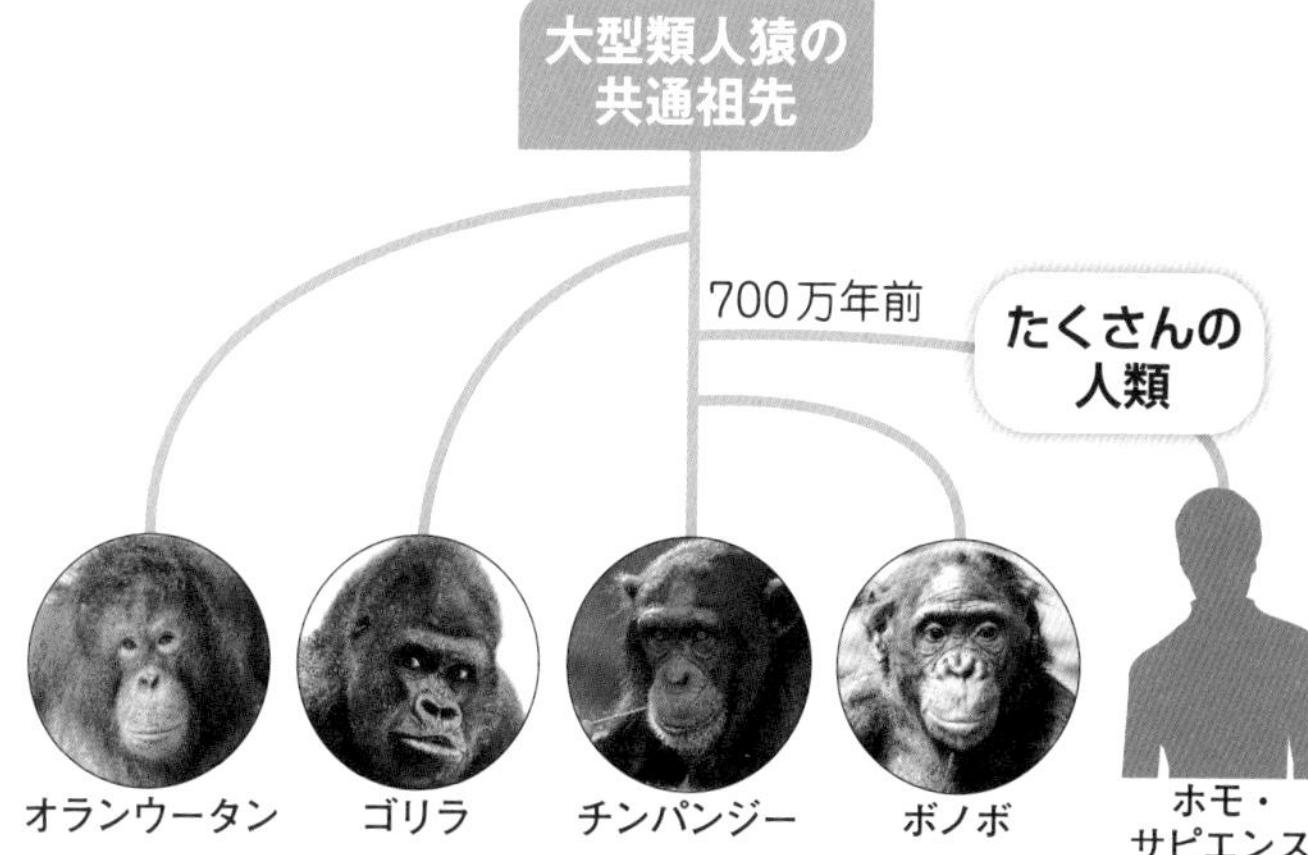

▲現在の「大型類人猿」たちは、共通祖先から分岐して、それぞれ独自の進化を遂げた。その中のひとつの系統が「人類」である。現在の「人類」は私たち「ホモ・サピエンス」1種のみだが、そのほかに26種類（学説によって数え方が異なる）の人類の化石が見つかっている。

てきます。そして、追い出された先の環境に何とか適応して生きられるようになったのが、最初の人類だと考えられています。

サヘラントロプス・チャデンシスには、チンパンジーなどとは違う大きな特徴がふたつあります。

❶**犬歯**が小さくなっている
❷**直立二足歩行**していた

❶は、つまり大きな牙がないということです。また、❷の「直立二足歩行」とは、2本の脚で立ち、脊椎をまっすぐ立てて、その真上に頭があるような姿勢で歩くことです。直立ではない二足歩行は鳥類やカンガルーなどに見られますが、直立二足歩行を行うのは人類だけです。

初期人類の生活は？

生物学者の**更科功**（さらしないさお）（1961年〜）は、❶❷のような特徴が生じたのは、人類が**平和な集団生活**の中で、**一夫一婦**（いっぷいっぷ）**的なペア**を作るようになったからだろうと推測しています。

激しい争いが少なければ、致命的な武器になる牙は必要なくなります（❶）。また、「夫婦」のようなペアが作られ、その「夫婦」で子どもを育てるようになると、「夫」が自分の子どもや「妻」のために食糧を運んでくるには、両手を使えたほうが便利です。そのため、直立二足歩行が定着していくというわけです（❷）。

あくまで仮説ですが、説得力のある、興味深い考え方です。そして、化石の特徴から、700万年も前の初期人類の生活に思いを馳せるのは、とても楽しいことではないでしょうか。

猿人・原人・旧人・新人

ここで、よくある誤解を解いておきたいと思います。

「人間はサルから進化した」といわれることがありますが、「サル」というときに、現在私たちが動物園などで見るニホンザルやチンパンジーなどをイメージしているとしたら、それは間違いです。ずっと昔に「人間とサルの共通祖先」がいて、そこから分岐する形で、ニホンザルやチンパンジーや人間がそれぞれの進化の道を進んできたのです（99ページ参照）。

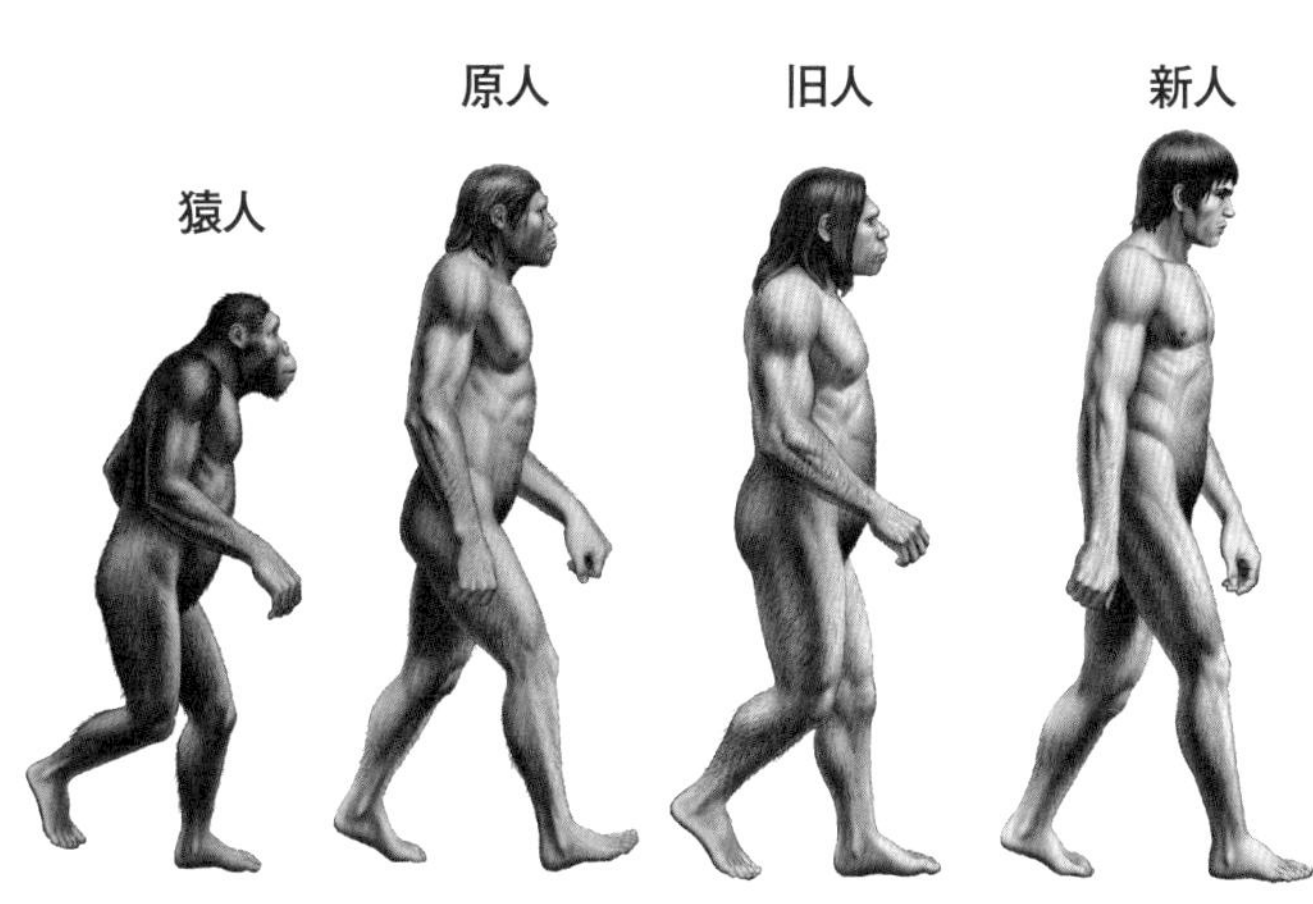

▲「猿人・原人・旧人・新人」のイメージ。この分類は、現在は使われなくなってきている。

また、日本では「猿人・原人・旧人・新人」という言葉がよく知られています。**猿人**はサヘラントロプス・チャデンシスや**アウストラロピテクス**など、**原人**は**ホモ・ハビリス**や**ホモ・エレクトゥス**など、**旧人**は**ネアンデルタール人（ホモ・ネアンデルターレンシス）**など、そして**新人**は私たち**ホモ・サピエンス**だとされます。

しかし、この「猿人・原人・旧人・新人」という分類は日本独自のもので、学術的な定義はなく、最近は使われなくなってきています。

「人類は、**猿人→原人→旧人→新人**というプロセスで進化してきた」という話もありますが、これも誤解を招く表現です。たとえばネアンデルタール人が進化してホモ・サピエンスになったわけではありません。共通の祖先から分岐した、別々の種なのです。

15

さまざまな「人類」が現れては消えていった

ホモ属の進化

脳が大きくなりはじめる

私たちは、自分たちだけが「人類」だと思いがちですが、地球の歴史の中に、「人類」は20種類以上もいました（化石が見つかっていないものも含めると、もっと多くの種類の人類がいたと考えられます）。その中で、現在唯一生き残っているのが、私たち**ホモ・サピエンス**であるというだけのことなのです。

初期の人類たちは、アフリカ大陸で暮らしていました。その中で、250万年前から、**ホモ属**(ぞく)という系統が進化していきます。120万年前には、人類の他の系統は滅び去り、ホモ属のみになりました。

ホモ属の身体的特徴としては、アゴや臼歯(きゅうし)が小さくなったほか、**脳が大きくなりはじめたこと**が挙げられます。

これには、**石器**(せっき)を使いはじめ、**肉**を食べる頻度(ひんど)が上がったことが関係していました。カロリーの高い肉をたくさん食べるようになったため、ひどくエネルギーを消費する脳を大きくしていくことができたのです。

また、百数十万年前には、**火**を使いはじめたとされます。肉を焼いて食べることができ、消化しやすくなりました。

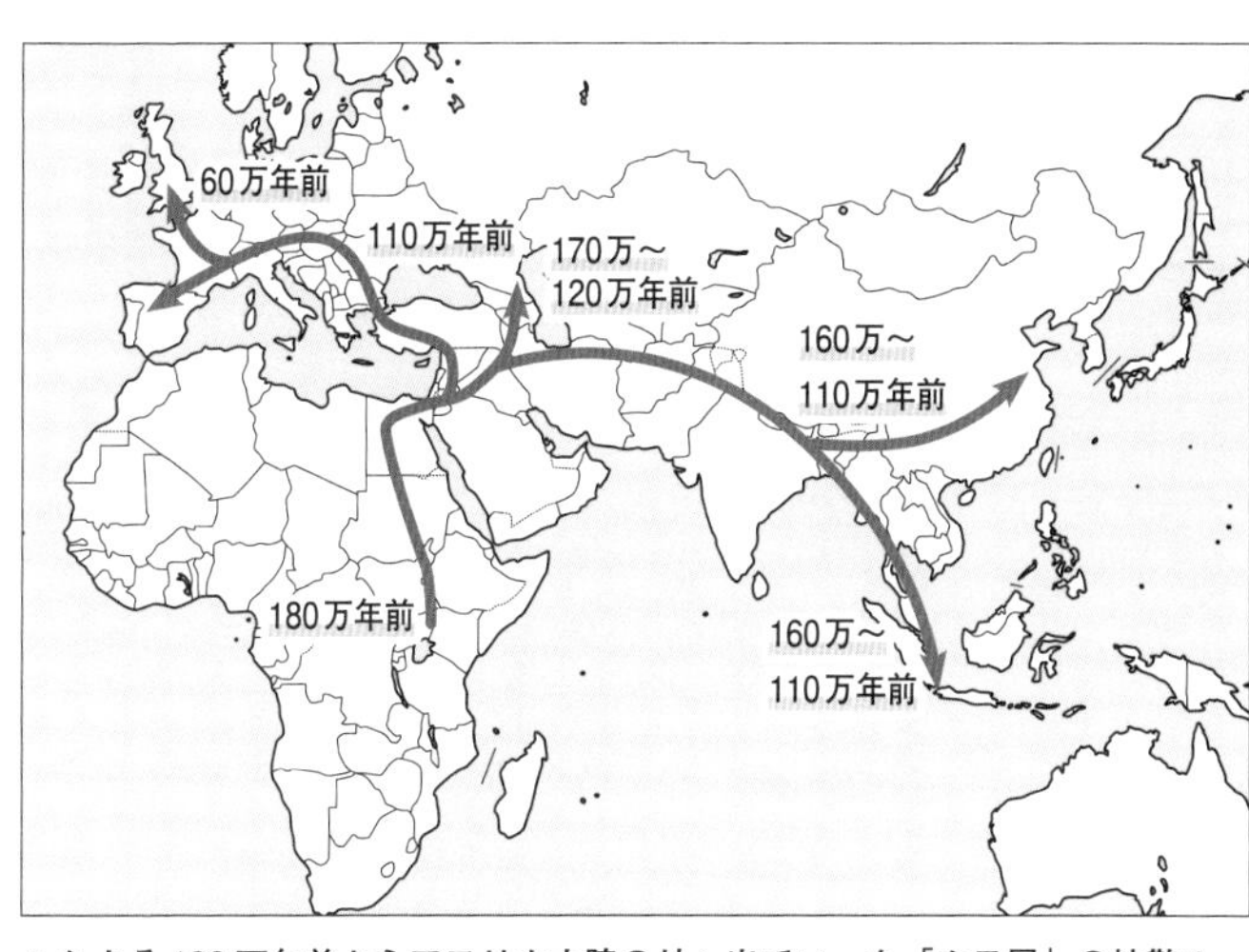

▲およそ180万年前からアフリカ大陸の外へ出ていった「ホモ属」の拡散ルート。更科功『絶滅の人類史』を参考に作成。

アフリカを出たものと残ったもの

180万年前、ホモ属の**ホモ・エレクトゥス**か、もしくはその近縁種が、アフリカ大陸から出ていきました。

このとき世界に広がった系統のひとつが、インドネシアに160万～10万年前にいたホモ・エレクトゥス、通称**ジャワ原人**です。中国に75万年前に生息していた**北京**(ペキン)**原人**も同様です。

そののちのアフリカで、残ったものの中から、新たな種族**ホモ・ハイデルベルゲンシス**が誕生します。今から70万年ほど前のことです。

この種は、**ネアンデルタール人**（**ホモ・ネアンデルターレンシス**）と、私たちホモ・サピエンスとの、共通祖先だと考えられています。

16

ほかの人類と共存した時代もあった

生き残ったホモ・サピエンス

ネアンデルタール人

180万年前に**ホモ・エレクトゥス**がアフリカを出たのと同じように、40万年前、**ホモ・ハイデルベルゲンシス**の一部がアフリカを出て、ヨーロッパや中国にまで分布を広げます。

そしてヨーロッパへ行ったものの中から、30万年前あたりに登場したのが、**ネアンデルタール人**です。

20万年前には、ヨーロッパのほかの人類が絶滅し、ネアンデルタール人がヨーロッパ唯一の人類となりました。

ホモ・サピエンスの登場と進出

一方、アフリカにとどまったホモ・ハイデルベルゲンシスの中から、一部が**ホモ・サピエンス**になりました。

ホモ・サピエンスの出現は従来、20万年前とされていましたが、近年、ホモ・サピエンスにつながる系統ではないかといわれる30万年前の化石も見つかっています。

やがてホモ・サピエンスの中からも、アフリカを出るものが現れるようになりました。そして、4万7000年前から小規模なヨーロッパ

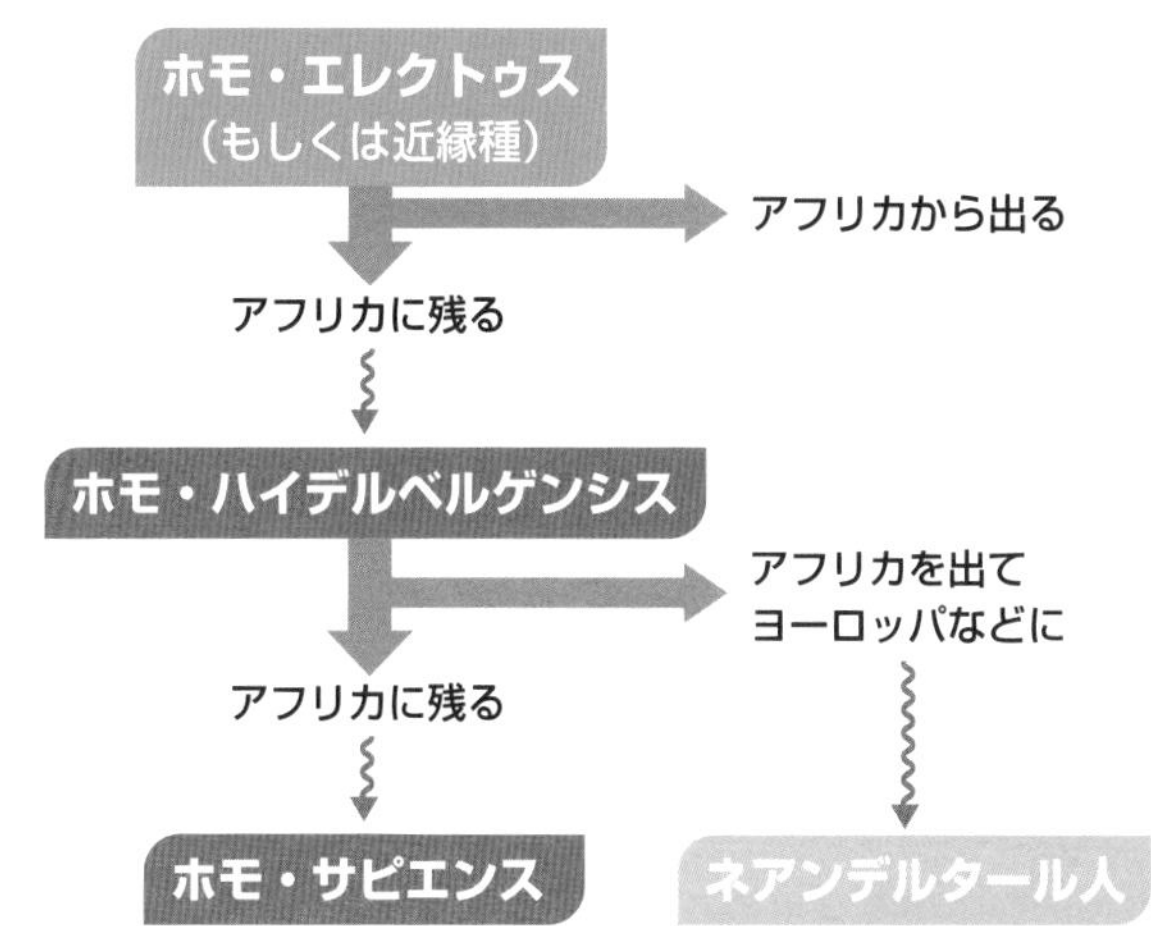

▲「ネアンデルタール人」と「ホモ・サピエンス」は、共通の祖先「ホモ・ハイデルベルゲンシス」から分岐して、今から30万年ほど前に、それぞれヨーロッパとアフリカで現れたと考えられている。

進出をくり返していましたが、4万3000年前からは多くのホモ・サピエンスがヨーロッパへ進出し、分布を広げました。

そこには、ネアンデルタール人が先に住んでいました。4万3000年前のヨーロッパで、「古株」のネアンデルタール人と「新参者」のホモ・サピエンスとが出会うことになったわけです。

両者は、血みどろの殺し合いなどはあまり行わなかったようです。しかし、ホモ・サピエンスたちは、ネアンデルタール人の生活範囲をじわじわと占拠していきます。居場所を奪われたネアンデルタール人は、数を減らしました。

そして3000年ほどの共存ののち、今から4万年前に、ネアンデルタール人は絶滅してしまったのです。

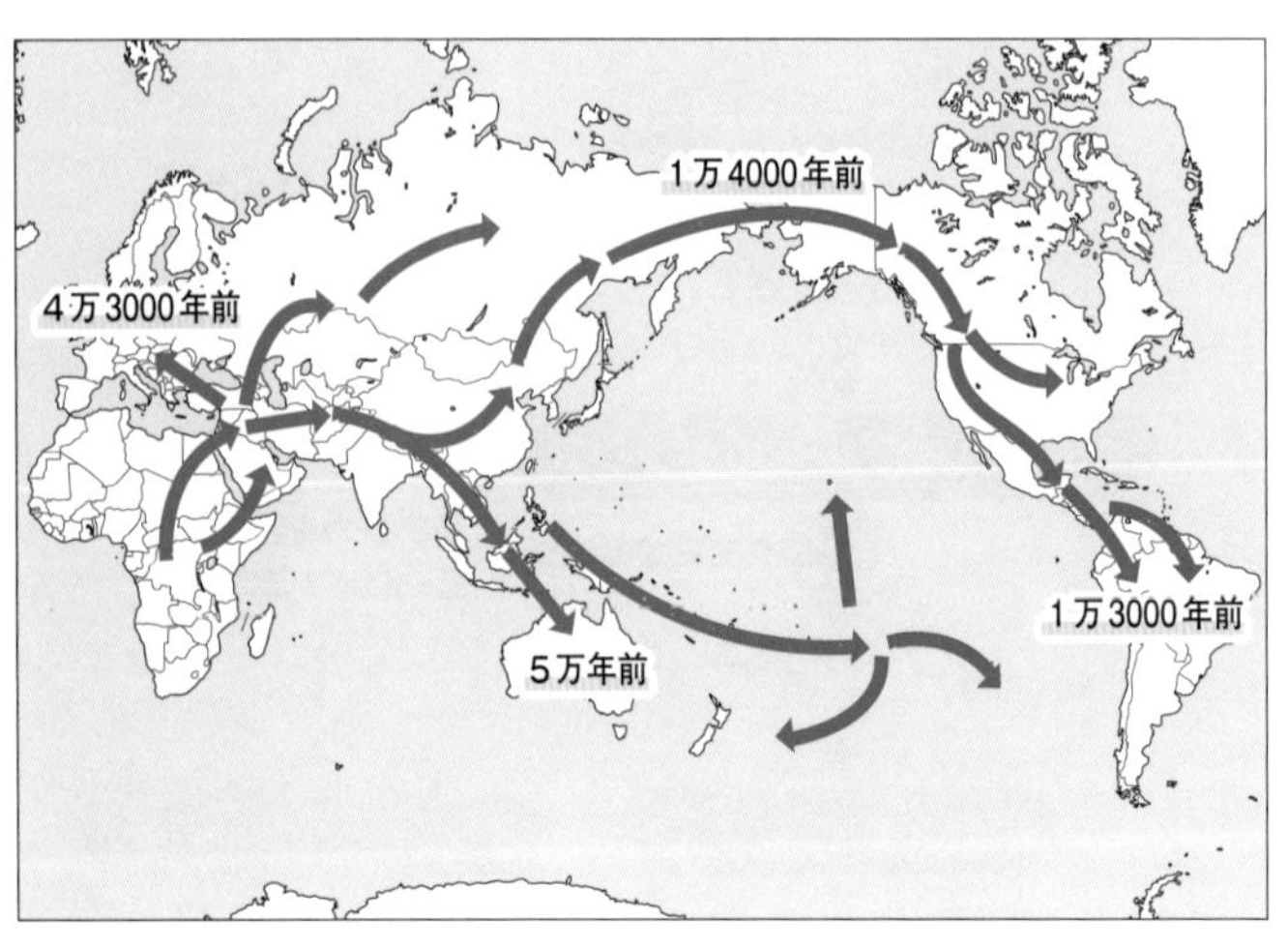

▲「ホモ・サピエンス」の拡散ルート。4万3000年前に大規模なヨーロッパ進出があり、「ネアンデルタール人」を絶滅に追いやることとなった。

ネアンデルタール人絶滅の原因

ネアンデルタール人とホモ・サピエンスを比べると、ネアンデルタール人のほうが頑強（がんきょう）な体でした。それだけでなく、脳の容量も大きかったようです。当時のホモ・サピエンスの脳は1450cc（現在は平均1350cc）、ネアンデルタール人の脳は1550ccでした。ネアンデルタール人は、私たちよりも高度な頭脳活動を行うことができた可能性もあります。

それなのに、なぜネアンデルタール人は絶滅したのでしょうか。

ホモ・サピエンスは、身体や頭脳の能力自体では後（おく）れを取っても、か細い体だからこそ素早く動き回ることができ、行動範囲が広く、狩りの技術もすぐれていたようです。

また、体も脳も大きいネアンデルタール人は、それを維持するだけでエネルギーを多く使います。ホモ・サピエンスと競合したとき、そのことがかえって弱みになったと考えられます。

直接滅ぼしたのではないにせよ、ホモ・サピエンスは少しずつネアンデルタール人を追い詰め、絶滅に追いやってしまいました。

しかし、近年の**DNA解析**により、アフリカ人以外のホモ・サピエンスのDNAの2パーセントは、ネアンデルタール人に由来することがわかりました。これは、**ホモ・サピエンスがアフリカを出てから、ネアンデルタール人と交雑していた**ことを意味します。ホモ・サピエンスの中に、ネアンデルタール人は今も生きているといえるかもしれません。

ほかの人類たち

ホモ・サピエンスと同時期に地球上に生息した人類は、ほかにもいました。

インドネシアのフローレス島には、100万年前から人類が住んでおり、その子孫の**ホモ・フローレシエンシス**は、10万年前から5万年前まで生きていました。

5万〜3万年前には、ユーラシア大陸の東側に**デニソワ人**が生息しており、ネアンデルタール人やホモ・サピエンスとも交雑していました。

また2019年、新種の化石人類の発見が発表されました。6万7000〜5万年前にフィリピンのルソン島にいた人類で、**ホモ・ルゾネンシス**と名づけられました。

COLUMN 4

サピエンスの3つの「革命」

イスラエルの歴史学者**ユヴァル・ノア・ハラリ**（1976年〜）は、2011年刊行の世界的ベストセラー『**サピエンス全史**』で、私たち**ホモ・サピエンス**の歴史を、ユニークな視点から一挙にとらえています。ハラリによると、現在私たちが地球上で繁栄しているのは、3つの「革命」を経てきたからにほかなりません。

最初の**認知革命**は7万年前に起こりました。ホモ・サピエンスの脳が、**虚構**を作り出せるようになったのです。ホモ・サピエンスは、神話や伝説、信仰を生み出しました。そして、そういった虚構を共有する者どうしで、強く結びついた大きな集団を作れるようになります。

ネアンデルタール人との生存競争で、ホモ・サピエンスが勝利できたのも、認知革命によってもたらされた「**協力**」**する能力**のおかげだろうと、ハラリは述べています。

次の革命は、1万2000年前の**農業革命**です。植物の栽培を始め、定住するようになったホモ・サピエンスの社会に、**国家**や**貨幣**などが生まれます。これらも自然な存在ではなく、人間が作り出した虚構です。

そして500年前、**科学革命**が起こります。宗教という虚構に頼らず、本当の知識を得ていこうという態度が作られました。しかし、科学の発展を助けたのは、国家の延長線上にある**帝国主義**や、貨幣の延長線上にある**資本主義**でした。ホモ・サピエンスは今も、虚構の絶大な力から逃れられずにいるのです。

第5章 大地と海の秘密

01 地質年代とは何か

人類の歴史以前の時代を探る

人間の歴史以前

この章では、地球の大地や海の面白い秘密を探っていきます。始めに、これまでも何度も出てきた**地質年代**について説明しておきましょう。

文字が作られたあとの人間の歴史は、それぞれの時代に人間が書き残した記録を調べることで、ある程度わかります。しかし、文字の発明以前や、人類の誕生以前のことは、文字記録から調べることはできません。

そのような昔のことを調べたいときは、積み重なった**地層**（ちそう）（140ページ参照）を調べます。

化石で区分される

地層は基本的には、時代ごとにだんだん積み重なっていきます。そして、それぞれの時代の地層には、当時生きていた生物の**化石**や、起こった現象の痕跡が含まれています。

ですから、これを調べれば、歴史以前の出来事を知ることができるのです。

人間の歴史以前の時代を、**地質時代**（ちしつじだい）といいます。そして、地質時代を区分けしたそれぞれの時代が、地質年代と呼ばれるのです。地質年代はおもに、出土する生物の化石で区分されます。

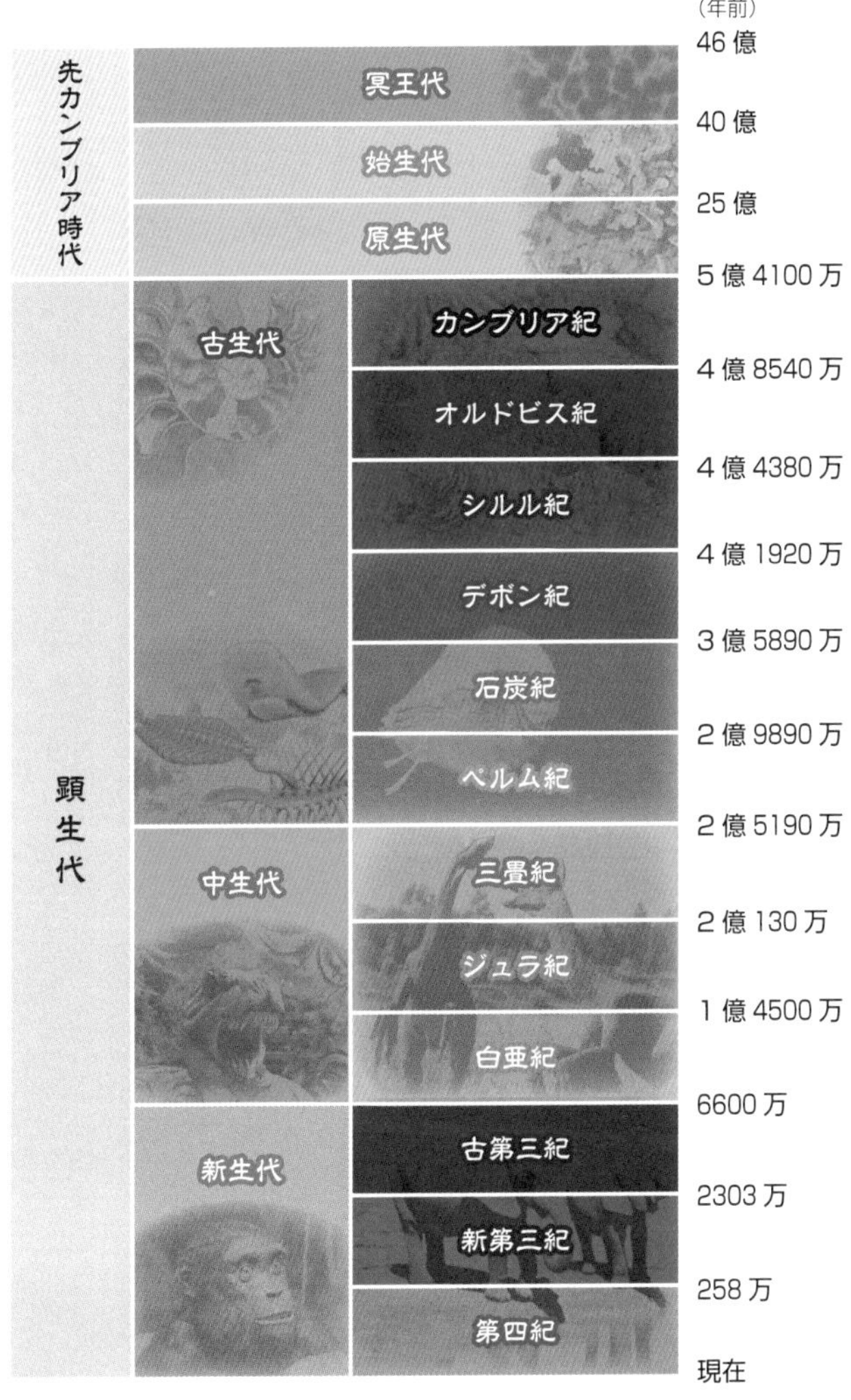

▲「地質年代表」の一部。国際層序委員会の「国際年代層序表」をもとに作成。

第5章
大地と海の秘密

02

地層の積み重なり

グランドキャニオンから地球の歴史が見える!!

堆積と地層

土砂などが積み重なることを、**堆積**(たいせき)といいます。長い時間をかけて堆積された土砂などが層状になったものが、**地層**です。

時間の経過とともに上に積み重なっていきますが、**地殻変動**(ちかくへんどう)(151ページ参照)などによって横からの力を受けると、波打つような地層になることがあります(**褶曲**(しゅうきょく))。

また、さまざまな作用が重なって、時間順につながっていない地層ができてしまうこともあります(**不整合**(ふせいごう))。

▼「グランドキャニオン」の地層。

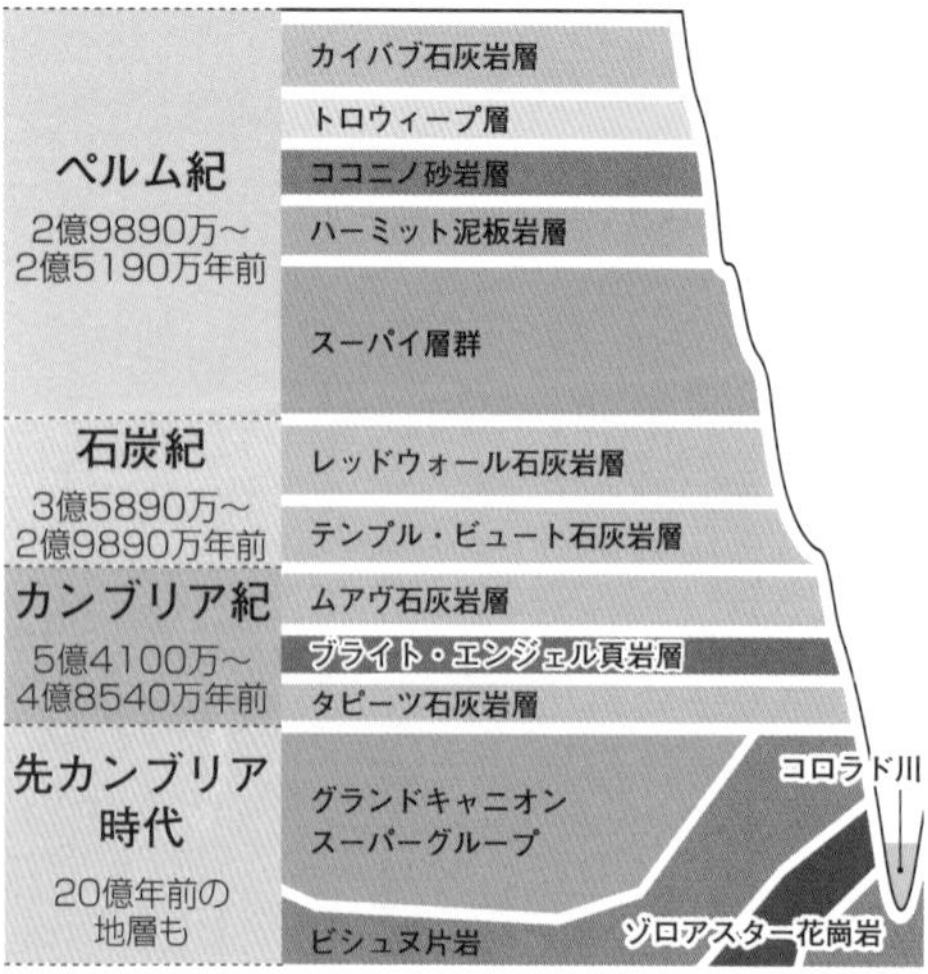

ペルム紀 2億9890万～2億5190万年前	カイバブ石灰岩層
	トロウィープ層
	ココニノ砂岩層
	ハーミット泥板岩層
	スーパイ層群
石炭紀 3億5890万～2億9890万年前	レッドウォール石灰岩層
	テンプル・ビュート石灰岩層
カンブリア紀 5億4100万～4億8540万年前	ムアヴ石灰岩層
	ブライト・エンジェル頁岩層
	タピーツ石灰岩層
先カンブリア時代 20億年前の地層も	グランドキャニオンスーパーグループ
	ビシュヌ片岩
	ゾロアスター花崗岩
	コロラド川

▲コロラド川の「侵食」作用で削り取られた「グランドキャニオン」の地層。

グランドキャニオン

たとえば、アメリカのアリゾナ州北部にある峡谷(きょうこく)地帯**グランドキャニオン**の巨大な断崖に、地層の積み重なりを見ることができます。

この一帯は、7000万年前に大きく**隆起**(りゅうき)（土地が高く盛り上がること）して高原になったあと、4000万年前からコロラド川によって**侵食**(しんしょく)（削り取ること）されはじめ、200万年前に現在のような峡谷になったといいます。

グランドキャニオンには、**カンブリア紀**よりも前の時代から、**ペルム紀**までの地層が確認されており、各年代の生物の**化石**が出土しています。グランドキャニオンは、地球と生命の歴史を見せてくれる峡谷なのです。

03

過去を知るための貴重な証拠

化石はどのように作られるのか

太古の昔をいかにして知るか

私たちは第4章で、生命の歴史と、現れては消えていった数々の生物たちを見てきました。しかし、そんな生物たちが生きている姿を、実際に見た人間はいません。1億年も前に恐竜がいたことを知ることができるのは、考えてみれば不思議なことです。

私たちが、すでに絶滅した太古の生物の存在を知ることができるのは、**化石**という証拠が残されているからです。化石は、**地質年代**の特定にもかかわる、とても重要なものです。

▼太古の海に生きていた「アンモナイト」の化石。

化石の作られ方

動物が死んで、肉がほかの動物に食べられたり、微生物に分解されたりしたあと、骨だけが残ったとします。その骨の上に、土砂が堆積していきます。

長い時間をかけて多くの土砂が積み重なると、骨に大きな圧力がかかっていきます。そんな中、**骨の成分が、まわりの土砂の成分と入れ替わりはじめます**。つまり、骨の形はそのままで、**鉱物**（１４９ページ参照）に変わっていくのです。

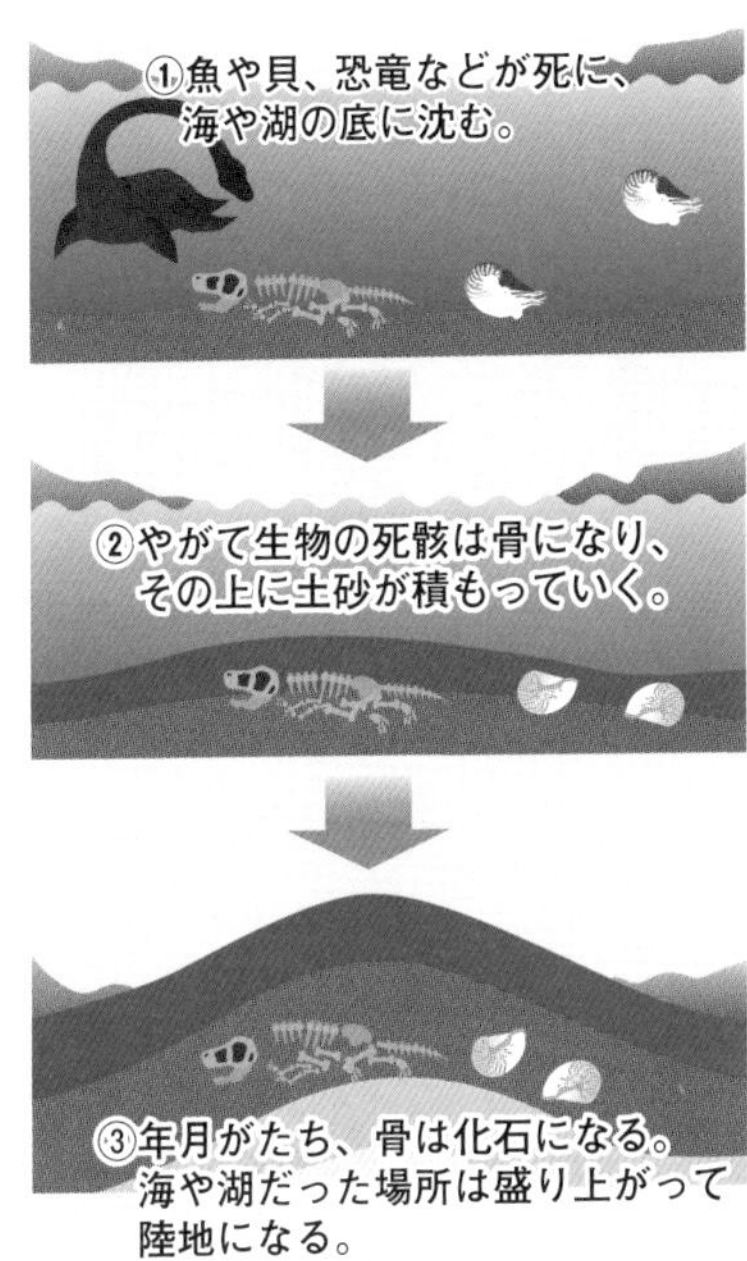

▲「化石」が作られる仕組み。

このようにして、太古の昔に生きていた生物の体が石のようになったものや、活動の痕跡が残ったものなどが化石です。

何らかの理由で死骸がそのまま残ったものもあれば、糞の化石などもあります。

化石からわかること

化石は、「もともとどういう生物だったのか」「どのように動いたのか」を推測する材料になります。

また、同じ年代の地層から複数種類の化石が出れば、**生態系**を推測することも可能であり、当時の地球の状態に迫ることができます。

特定の地質年代に生息する特定種の化石は、**示準化石**(しじゅんかせき)といい、地層の年代を判断するのに用いられてきました。「この地層は何万年前の地層なのか」を特定する際、「この生物の化石が出るということは、この年代だろう」というふうに考えられるのです。ただし、現在は**放射年代測定**(90ページ参照)が一般化しています。

化石燃料

かつて陸上に繁殖した植物の化石が、**石炭**です。植物の体は、**光合成**で取り込んだ**炭素**などでできていますが、その炭素こそが石炭の正体です。

石炭は、3億5890万年前から2億9890万年前の地層から特に多く出てくるので、その時代は**石炭紀**(せきたんき)と名づけられました。

植物が腐りきらずに堆積していくと、**泥炭**(でいたん)になります。その上に砂や泥などが積み重なり、下に埋もれた泥炭が圧力や地熱を受けると、**褐炭**(かったん)に変わります。さらに堆積が進み、受ける圧力や温度が高まると、**瀝青炭**(れきせいたん)を経て**無煙炭**(むえんたん)になります。

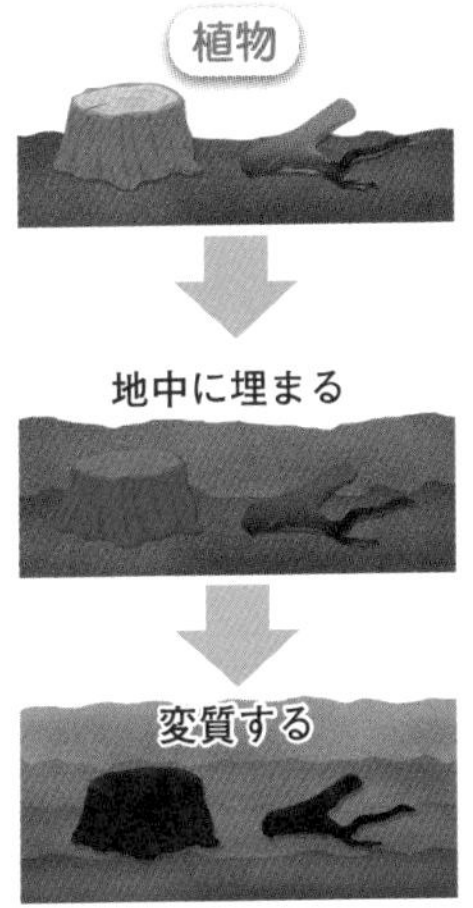

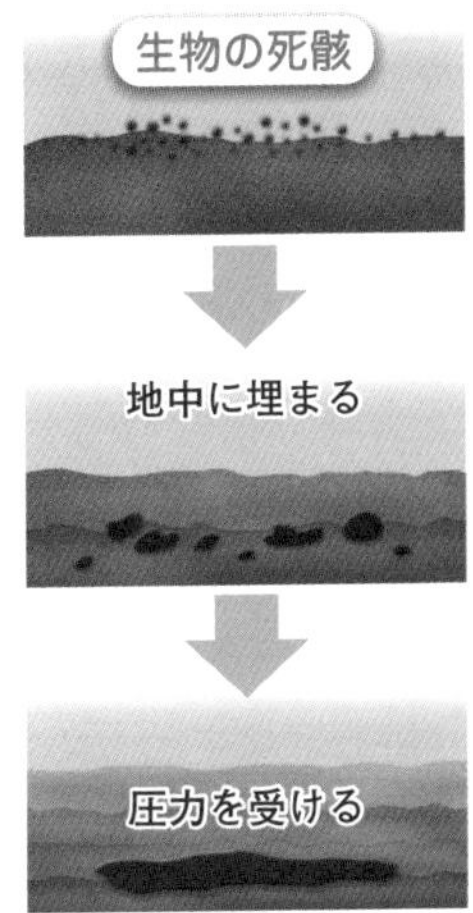

▲「化石燃料」である「石油」と「石炭」の作られ方。

人間は、石炭を燃料として使ってきました。これは、**化石を燃やしている**のです。石炭のように燃料に使われる化石のことを、**化石燃料**といいます。

石油は、石炭と並ぶ重要な化石燃料です。もとをたどれば、プランクトンなどの微生物だとされます。その死骸が海底や湖の底に大量に積もり、分解されて地中に溜まって、変質して原油となったのです（ただし、石油は無機物からできたとする説もあります）。

天然ガスも、同様のプロセスで、生物の死骸が地中で圧縮され、地熱によって分解されてできたものだといわれています。

また、この天然ガスが**シェール**（**頁岩**）と呼ばれる**泥岩**（147ページ参照）にとどまった**シェールガス**という化石燃料も存在します。

04 岩石と鉱物

石や岩にも成り立ちや成分の違いがある!!

岩石❶ 火成岩

地球の**地殻**は、**岩石**で作られています。岩石は、形成のされ方によって、大きく3つの種類に分類されます。❶火成岩、❷堆積岩、❸変成岩です。

❶**火成岩**は、地球内部から出てくる**マグマ**が冷えて固まったものです。

火成岩の中でも、地表や地表近くまで出てきたマグマが、急速に冷やされて固まったものは、**火山岩**といいます。一方、地下深くでゆっくり冷やされたものは、**深成岩**と呼ばれます。

▼マグマが冷えてできた「火成岩」の例。急激に冷やされた「火山岩」と、ゆっくり冷やされた「深成岩」に分けられる。

火山岩

玄武岩

流紋岩

深成岩

斑れい岩

閃長岩

▲ 堆積物が固まってできた「堆積岩」の例。「チャート」は、「放散虫」などの動物が海底に堆積してできたとされる。（「石灰岩」の画像：James St. John）

岩石❷ 堆積岩

火成岩は、**風化**したり**侵食**されたりして（150〜151ページ参照）、**砂**（直径16分の1ミリから2ミリのもの）や**泥**（砂よりも細かいもの）などになって運ばれます。それが**堆積**し、長い時間の中で圧力を受けて固まった岩石を、❷**堆積岩**といいます。

たとえば、砂が積み重なった堆積岩は**砂岩**、泥の堆積岩は**泥岩**と呼ばれます。

生物の死骸が積み重なって堆積岩になることもあります。たとえば**炭酸カルシウム**を多く含む**石灰岩**は、水中の炭酸カルシウムが沈殿してできている場合と、サンゴや植物プランクトンなどの死骸からできている場合があります。

▲岩石が熱や圧力で変化した「変成岩」の例。

岩石③ 変成岩

火成岩や堆積岩は、地下で高温や高圧の影響を受け、別の岩石に変わることがあります。

このようなはたらきを**変成作用**といい、変成作用によってできた岩石を③**変成岩**といいます。変成岩が変成作用を受けて、さらに別の変成岩に変わることもあります。

砂岩や泥岩などの堆積岩が、高温によって変成すると**ホルンフェルス**が、圧力を受けて変成すると**千枚岩**などができます。

石灰岩が変成すると**結晶質石灰岩**となり、**大理石**とも呼ばれます。

チャートという堆積岩が変成したものは、**珪岩**といいます。

微斜長石

▲岩石を構成する「鉱物」の例。「柘榴石」は「ガーネット」とも呼ばれる宝石である。

岩石を作る鉱物

岩石は、さまざまな**鉱物**が混ざってできています。鉱物とは、自然に産出される、無機的な（「生物ではない」ということだと思ってください）元素の集まった固体です。原子などが規則正しく並ぶと、**結晶**という美しい状態になります。

長石や**石英**は、多くの岩石に含まれています。石英が無色透明の六角柱状の結晶になったものを、**水晶**といいます。

鉱物の中には**宝石**と呼ばれるものもあります。たとえば**ダイヤモンド**は、高温高圧の地下で形作られ、マグマに乗って音速を超えるスピードで地上に運ばれてくると考えられています。

05 地形はどのように作られるのか

外部からの力と内部からの力がせめぎ合う

外作用

地球の地形を作るはたらきは、大きくふたつに分けることができます。

ひとつめは**外作用**（**外的営力**）。外部から地形を変化させていく作用のことです。例としては、次のようなものが挙げられます。

地形を構成する岩石は、風雨や日光にさらされつづけると、温度の変化や湿度の変化、化学反応などの影響を受けて、少しずつ破壊されたり分解されたりしていきます。これを**風化**といいます。

▼地球の地形を作る作用の分類。

地形を作るはたらき			
	外作用	風化	
		侵食	
		堆積	
	内作用	火山活動	
		地殻変動（隆起・沈降・褶曲・断層）	造陸運動
			造山運動

また、岩石や土砂は、氷河や河川、波、風などによって削り取られていきます。これは**侵食**と呼ばれます（174ページ参照）。

風化や侵食によって出た土砂などは、川の流れによって運ばれます。これを**運搬**といいますが、川が下流に近づいて流れが遅くなると、運搬する力が弱くなり、運ばれてきた土砂などが底に積み重なっていきます。これが**堆積**と呼ばれる作用です。

内作用

地形を作るはたらきを大きくふたつにわけたときの、外作用ではないもうひとつの作用を、**内作用**（**内的営力**）といいます。

内作用は、地球内部で生じるエネルギーが、**火山活動**（160ページ参照）や**地殻変動**を引き起こすはたらきです。

地殻変動とは、**地殻**に力がかかって変化が生じることです。土地が盛り上がる（または海面が低くなる）**隆起**、土地が沈み下がる（または海面が高くなる）**沈降**、地層が波状に曲がる**褶曲**、地層や岩盤が割れてズレる**断層**があります。地殻変動は、広い範囲の地形がゆるやかに隆起・沈降する**造陸運動**と、激しい**造山運動**に分けられます。

大きな地形を作る内作用は、**プレート**（50ページ参照）の運動を原動力としています。

ふたつのプレートが隣接しているとき、その境界のパターンは3つあります。

❶**ずれる境界**では、境界に沿ってプレート

どうしが、逆方向に移動していきます。

❷**広がる境界**では、地球内部から湧き上がってきた**マントル**が、冷やされて新たなプレートとなりつつ、外側に広がっています（**海嶺**）。

そして❸**せばまる境界**は、プレートどうしがぶつかるパターンです。

大陸プレートどうしがぶつかるところには、造山運動が起こります。接触部が押し上げられて、**山脈**が形成されるのです。

付加体の形成

❸の中で、**大陸プレートと海洋プレートがぶつかる場合**も重要です。

重い**海洋プレート**が、軽い**大陸プレート**とぶつかると、海洋プレートが大陸プ

▼プレートの境界には、❶「ずれる境界」、❷「広がる境界」、❸「せばまる境界」の３パターンがある。❸で「大陸プレート」と「海洋プレート」がぶつかる場合は「沈み込み帯」となり、「大陸プレート」どうしがぶつかる場合には山脈が作られる。

❶ ずれる境界

❷ 広がる境界

❸ せばまる境界

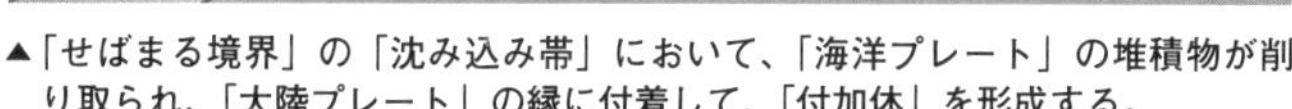

▲「せばまる境界」の「沈み込み帯」において、「海洋プレート」の堆積物が削り取られ、「大陸プレート」の縁に付着して、「付加体」を形成する。

レートの下にもぐっていく**沈み込み帯**（52ページ参照）となります。このとき、海洋プレートの上に積もっていた**堆積物**は、大陸プレートに当たってごりごりと削ぎ取られ、大陸プレートの縁に付着していきます。

この付着した部分を、**付加体**といいます。付加体の概念は、日本の地質学者**勘米良亀齢**（1923〜2009年）によって提唱されました。

じつは、**日本列島**の大部分は、この付加体です。日本列島は、大陸プレートである**ユーラシアプレート**と**北アメリカプレート**、および海洋プレートである**太平洋プレート**と**フィリピン海プレート**の、4つのプレートが隣接する位置にあります（154ページ参照）。日本列島の約7割が、付加体とその上に堆積した**堆積岩**（147ページ参照）でできているといわれます。

06

カギを握るのはプレートだった!!

地震はなぜ起こるのか

地震とプレート

日本が世界的な「地震大国」であることはよく知られています。多くの**地震**が起こり、ときに深刻な被害が生じます。

日本に地震が多いのは、多くの**プレート**の境目となっているからです。地震の発生には、プレートが深くかかわっています。地震が起こるメカニズムの代表的なものは、次のふたつです。

Ⓐプレート境界型地震
Ⓑ断層型地震

▼日本列島は、「ユーラシアプレート」「北アメリカプレート」「太平洋プレート」「フィリピン海プレート」の出会う、境界の密集地に位置している。

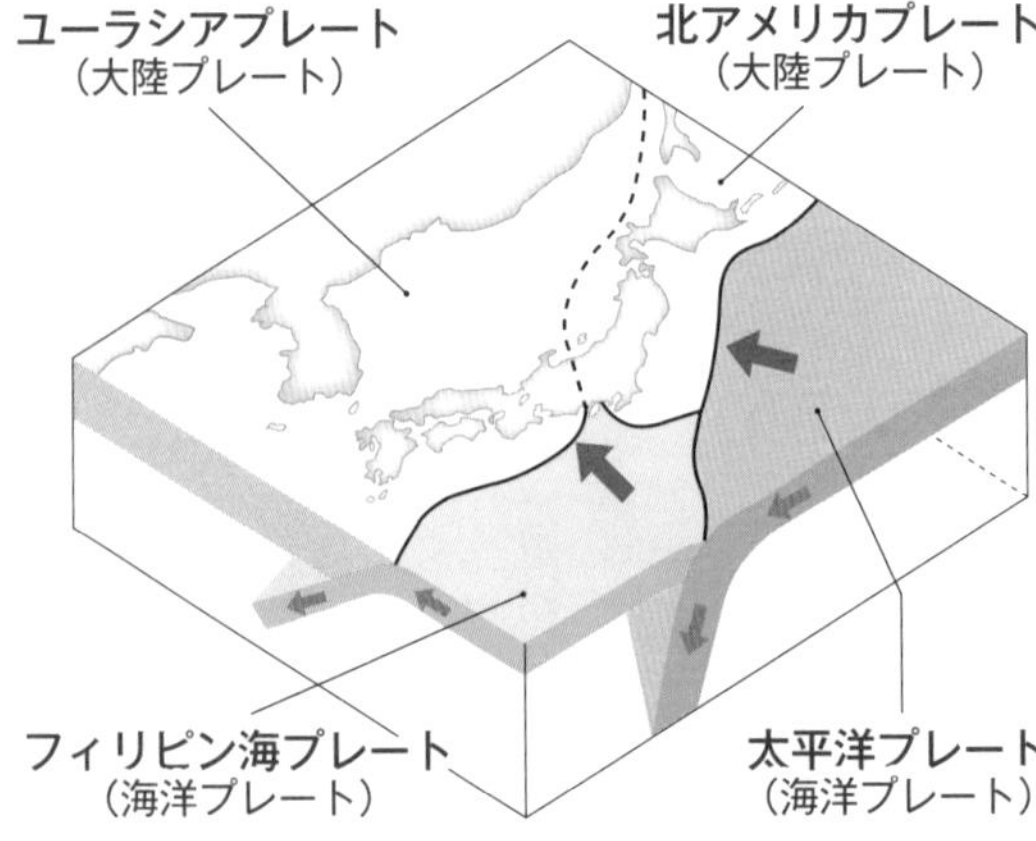

🌐 地震Ⓐプレート境界型地震

物体に力が作用すると、その物体は変形します。この変形の度合いを、**ひずみ**といいます。**大陸プレート**と**海洋プレート**が接する**沈み込み帯**では、海洋プレートが大陸プレートの下にもぐり込みます。そのスピードは、1年につき数センチといわれていますが、大陸プレートのほうも、海洋プレートが沈み込む力を受けます。そのため、大陸プレートにひずみが生まれていきます。

このひずみがある程度溜まると、大陸プレートは耐えられなくなり、はね上がります。このはね上がりによって起こるのが、Ⓐのプレート境界型地震です。

①海洋プレートが大陸プレートの下に沈み込む。

②海洋プレートに引きずられて、大陸プレートの先端部が沈降する。

③大陸プレートの先端部が隆起して、もとに戻るときに地震が起こる。

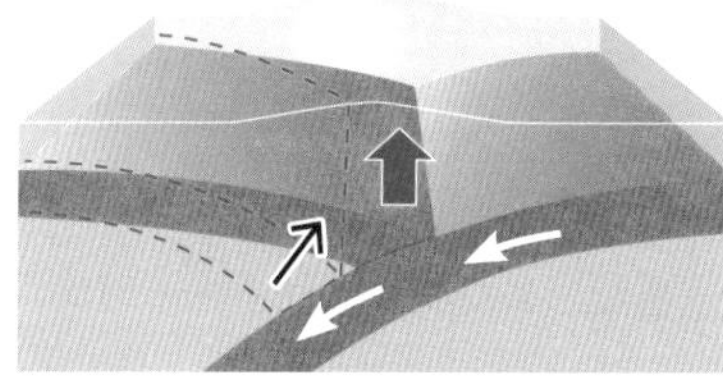

▲「プレート境界型地震」のメカニズム。

地震Ⓑ断層型地震

プレートの動きは、大陸プレートのはね上がりという形以外でも、地震につながります。プレートが動くと、ひずみが生まれます。そのひずみはプレート境界面以外にも少しずつ蓄積されていきます。

そして限界に達すると、岩盤の弱いところが割れ、ズレてしまいます。このズレのことを、**断層**といいます。

この断層がズレて起こる地震が、Ⓑ断層型地震です。

特に、ここ数千年の間に動いたことがあり、今後も動く可能性のある断層を、**活断層**といいます。日本には、この活断層が数多く存在しています。

プレート境界型地震の震源となる沈み込み帯は、海の中の**海溝**と呼ばれる場所ですが、断層は陸地にたくさんあります。ですから、断層型地震は生活圏の直下で起こることもあり、**直下型地震**とも呼ばれます。直下型地震は、直接的な被害が大きくなる傾向があります。

断層面は、多くの場合、傾いています。断層面の上側の岩盤は**上盤**、下側の岩盤は**下盤**と呼ばれます。これらが上下方向に動くのを**縦ずれ断層**といい、その中でも、上盤が下がる場合を**正断層**、上盤が上がる場合を**逆断層**と呼んでいます。

両側のブロックが水平方向に動くのは、**横ずれ断層**といいます。ズレる方向によって、**右ずれ断層**や**左ずれ断層**と呼ばれます。

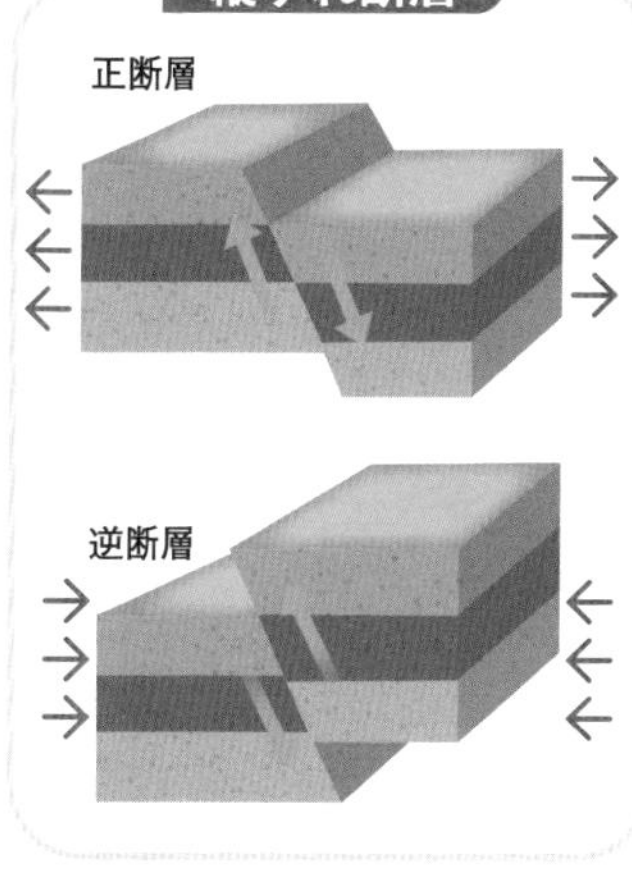

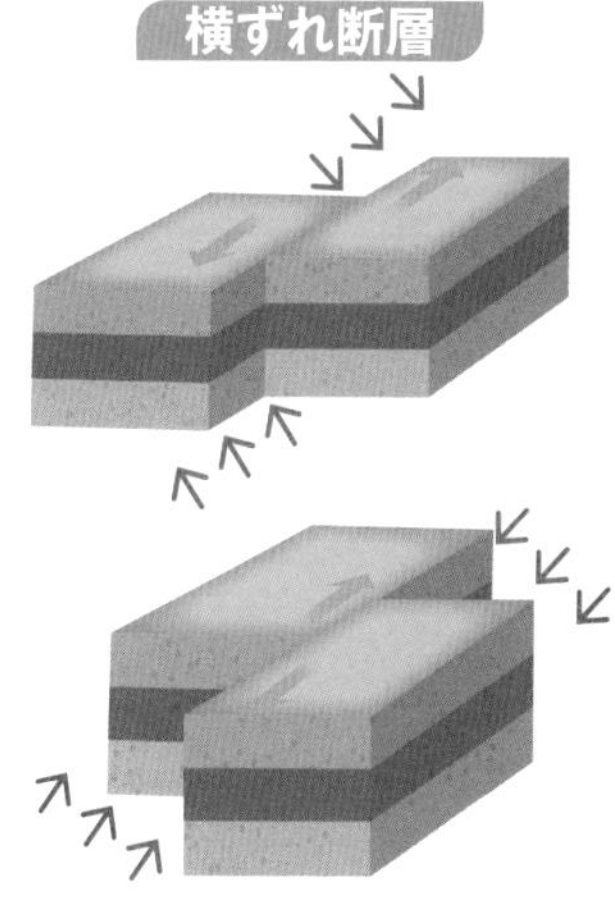

▲「断層」のふたつのタイプ。実際の断層には、純粋な「縦ずれ断層」や「横ずれ断層」は少なく、斜めにズレているものが多い。

地震波

地震が発生したとき、振動が岩石や地層の中を伝わっていきます。**地震波**（じしんは）と呼ばるこの振動は、ほぼ同心円状に広がっていきます。

地震波には何種類もありますが、小さなゆれを速く伝える**P波**と、大きなゆれを比較的ゆっくり伝える**S波**が有名です。

先に伝わってくるP波を検知し、すぐに警報を出すことで、大きなゆれに備えられるようにしようというのが、気象庁の**緊急地震速報**です。

面白いことに、**地球の内部構造**は、地震波の測定によって調べられています。地震波が地球内部を通るときの時間のかかり具合から、内部にどんなものがあるのか推定できるのです。

07

巨大なる山々

プレートの衝突からヒマラヤが作られた

「世界の屋根」

プレートの動きは、大きな地形を作る**造山運動**を引き起こします（151ページ参照）。

たとえば**ヒマラヤ山脈**は、**インド亜大陸**を乗せた**インドプレート**が南から北上してきて、**ユーラシアプレート**に衝突してできたものです。7000メートルを超える巨大な山が並び立ち、「世界の屋根」と呼ばれます。地球上の高い山のトップ10を見ても、2位の**K2**（ケーツー）は**カラコルム山脈**（ヒマラヤのすぐ北西）ですが、それ以外はヒマラヤの山々で占められています。

▼地球上の高い山トップ10。外務省HPの表をもとに作成。

順位	山名	山脈	標高（m）
1	エベレスト（チョモランマ）	ヒマラヤ	8,848
2	K2	カラコルム	8,611
3	カンチェンジュンガ	ヒマラヤ	8,586
4	ローツェ	ヒマラヤ	8,516
5	マカルウ	ヒマラヤ	8,463
6	チョーオユ	ヒマラヤ	8,201
7	ダウラギリ	ヒマラヤ	8,167
8	マナスル	ヒマラヤ	8,163
9	ナンガパルバット	ヒマラヤ	8,126
10	アンナプルナ	ヒマラヤ	8,091

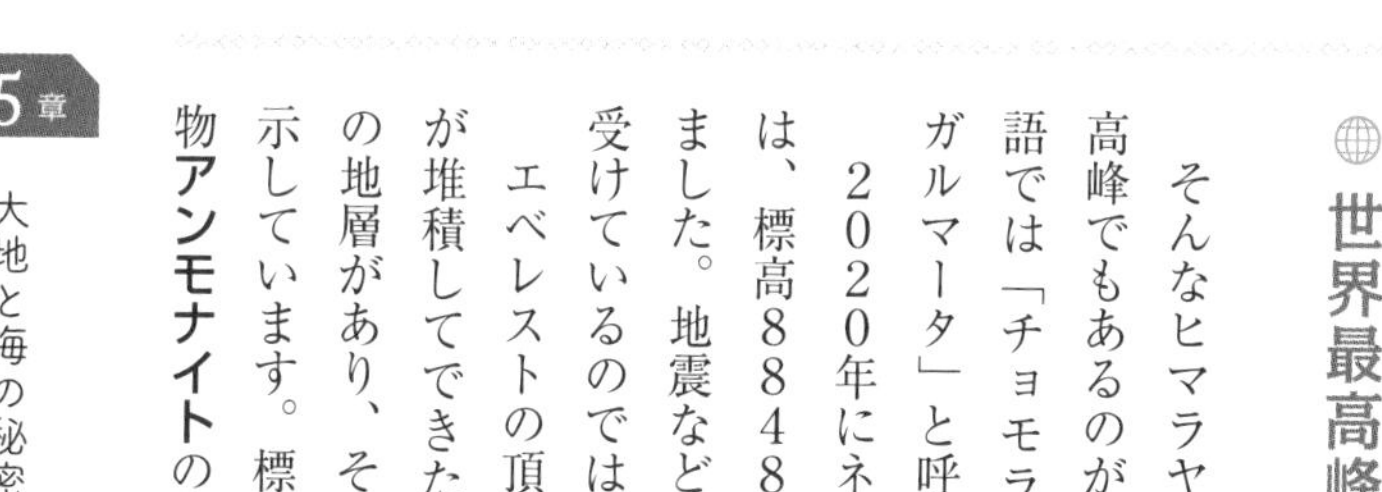

▲世界最高峰、ヒマラヤ山脈の「エベレスト」。山頂は、ネパールと中国の国境にある。

世界最高峰エベレスト

そんなヒマラヤ山脈の中で最も高く、世界最高峰でもあるのが、**エベレスト**です。チベット語では「チョモランマ」、ネパール語では「サガルマータ」と呼ばれます。

2020年にネパールと中国が行った測量では、標高8848・86メートルという結果が出ました。地震などが起こると、少しずつ影響を受けているのではないかといわれています。

エベレストの頂上付近には、海の生物の死骸が堆積してできた**石灰岩**（147ページ参照）の地層があり、そこがかつて海底だったことを示しています。標高の低いところでも、海の生物**アンモナイト**の化石などが出てきます。

08

火山のメカニズム

マグマが地上に噴き出して新しい地形を作る

火山の成因

同じ「山」という言葉で呼ばれていますが、**火山**は、ヒマラヤの山々と同じような造山運動によってできたものではありません。

火山は、地下にある**マグマ**が上昇してきて噴出し、それが固まってできるのです。

まず、地中深くにある**マントル**あるいは**地殻**の一部が溶けて、それが集まってマグマになります。マグマはまわりの岩石よりも比重が小さい（軽い）ので、上に昇っていきます。

上昇したマグマは、地下数キロほどのところに蓄積され、**マグマ溜まり**を形成します。

そこからマグマがさらに上昇してきて、割れ目を通って地上に出てくることを、**噴火**といいます。マグマの通り道は**火道**、マグマが噴出するところは**火口**（**噴火口**）と呼ばれます。

マグマは流体の**溶岩**として噴き出し、冷やされて硬い岩石の層になります。基本的には、そのくり返しで火山が作られるのです。

火山の噴火

火山の噴火の際、火口はひとつだけとは限りません。おもな火口からそれたところから溶岩などが噴き出すこともあります。

マグマからできた**火山灰**（かざんばい）や、水蒸気、そのほかの気体も、**噴煙**（ふんえん）となって出てきます。噴煙の中のマグマの破片が大量に下降し、火山の表面に沿って**火砕流**（かさいりゅう）として流れることもあります。

また、溶岩などが投げ出されて、空中で冷えて固まると、**火山弾**（かざんだん）として飛んでいきます。

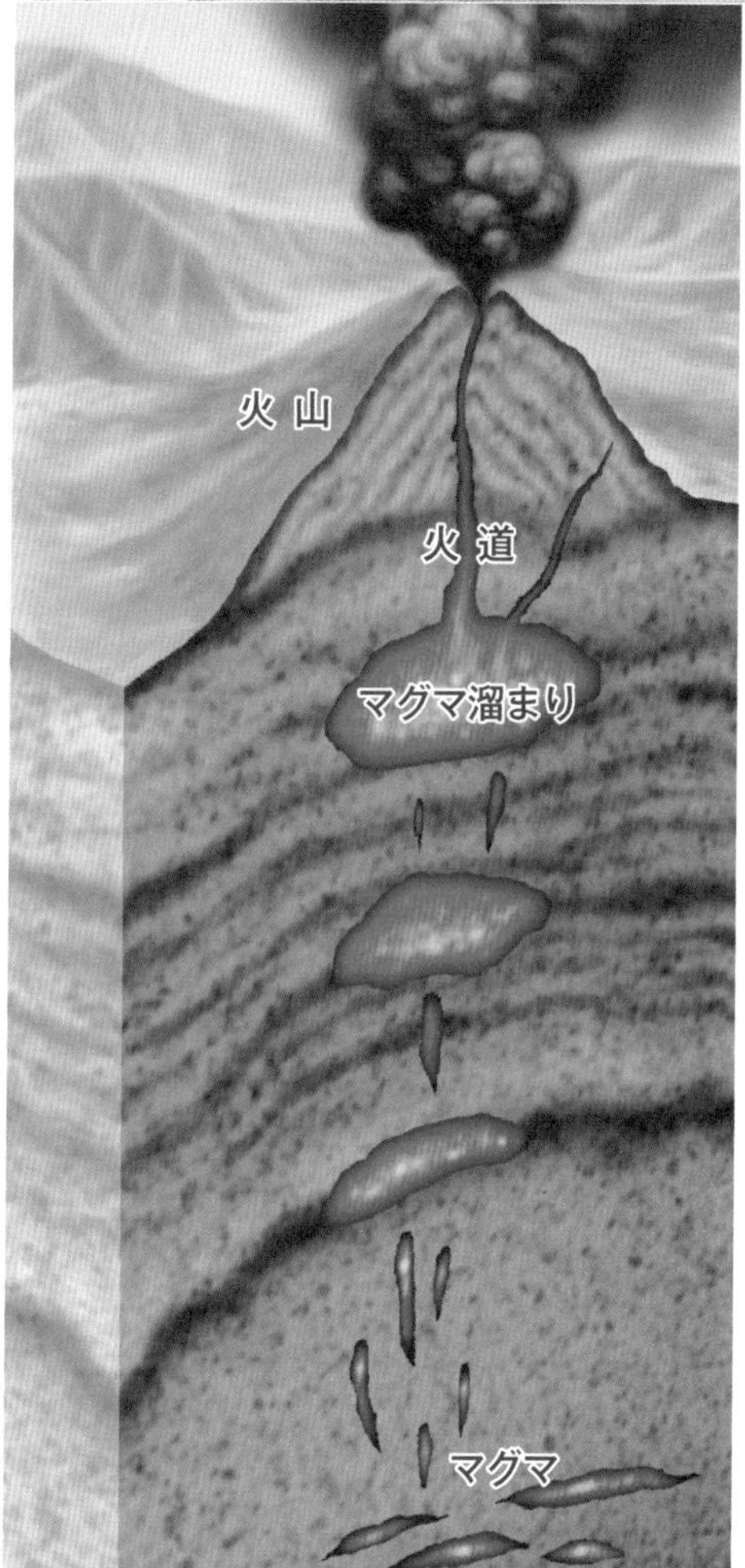

▲「マントル」あるいは「地殻」の一部が溶けて集まった「マグマ」は、地下に「マグマ溜まり」を形成し、そこから「火道」を上昇して噴き出す。

楯状火山

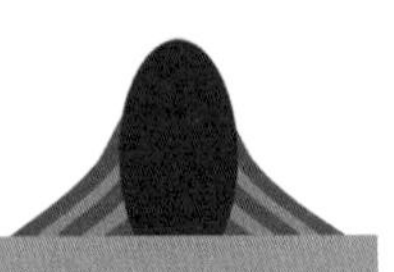

キラウエア火山

▲火山の分類。ちなみに、以前はしばらく噴火していない火山を「休火山」と呼んでいたが、噴火の可能性がある以上は「活火山」とするべきだとされ、現在は「休火山」という分類は使われなくなっている。

火山の形と溶岩の粘り気

私たちがよく知っている火山のひとつが、**富士山**です。富士山のように、噴火によって出てきた溶岩や火山灰が積み重なり、円錐に近い形になった火山は、**成層火山**と呼ばれます。

火山の形は、火山を作った**溶岩の粘り気**から影響を受けます。

粘り気が弱い場合、溶岩は遠くまで流れてから固まるので、低くなだらかな山体ができます。これを**楯状火山**といいます。ハワイの**キラウエア火山**などが有名です。

粘り気が強い場合、噴き出した溶岩がドーム状に盛り上がった状態で固まることもあります。これは**溶岩ドーム**と呼ばれます。

▲インドネシアの「タンボラ山」は1815年に大噴火を起こし、巨大な「カルデラ」を形成した。その噴火は、記録の残る中では人類史上最大の噴火だといわれており、世界中の気候に大きな影響を与えるほどだった。

カルデラと割れ目噴火

噴火によって大量のマグマが噴出したときなど、地下のマグマ溜まりが空洞になり、その上の山体の重さを支えきれなくなって、陥没(かんぼつ)を起こすことがあります。

こうして作られる巨大なへこみを、**カルデラ**といいます。たとえば日本の熊本県にある**阿蘇(あそ)カルデラ**では、カルデラの内部に人の生活圏が築かれています。

ほかにも、ひとつの火山が噴火するのではなく、地表に線状の裂け目ができて、そこからいっせいに溶岩が流れ出してくる、**割れ目噴火**という形態もあります。これはハワイやアイスランドでよく発生します。

09 スーパーボルケーノ

地球全体に影響する破局噴火の可能性

破局噴火

地球全体の環境の変化や大量絶滅をもたらすほどの、とんでもなく大規模な火山の噴火を、**破局噴火**(はきょくふんか)といいます。

そして、破局噴火を起こす恐れのある火山は、**スーパーボルケーノ**（**超火山**）と呼ばれます。

現在、地球上で最も心配されているスーパーボルケーノは、アメリカ合衆国の火山地帯**イエローストーン**です。その地下には、東西80キロ、南北40キロにも及ぶ、巨大な**マグマ溜まり**があると考えられています。

▼アメリカ合衆国の「イエローストーン国立公園」で見られる「間欠泉」。地熱によって加熱された水蒸気や熱湯が噴き出す。

▲「イエローストーン国立公園」の温泉「グランド・プラズマティック・スプリング」。温度の違いによって、生息する細菌が異なり、色が変化している。

恐るべき観光地イエローストーン

イエローストーンは国立公園となっています。火山地帯の地熱のため、**間欠泉**（かんけつせん）や**温泉**などが見られ、人気の観光地となっています。中でも目を引くのが、**グランド・プリズマティック・スプリング**です。水中に生息する細菌の色素によって、あざやかな色に染まっています。

国立公園を訪れる人は、火山が生んださまざまな地熱現象を楽しんでいるのですが、もしこのイエローストーンが破局噴火を起こしたら、周囲は壊滅的なダメージを受け、アメリカ全土に**火山灰**が降り積もります。また、ガスが**成層圏**（40ページ参照）に広がって太陽光をさえぎり、地球全体を寒冷化させる恐れもあります。

10 世界の豊かな大河

雄大な流れが人間や生命を育んだ

扇状地と三角州

今度は**川**を見てみましょう。川には、その流れによって岩などを**侵食**し、土砂を**運搬**して、**堆積**していくはたらきがあります（151ページ参照）。川によって、さまざまな地形が作られます。

川が山地から平野に出たあたりには、**扇状地**が形成されます。水の流れが遅くなるため、運ばれてきた土砂が扇のような形に広がって堆積するのです。もっと下流の、海に出るところに土砂が堆積すると、**三角州**（**デルタ**）ができます。

ちなみに、三角州とまぎらわしい地形用語に、**三角江**（**エスチュアリー**）があります。やはり川が海に出る河口付近の地形なのですが、これは土砂の堆積によって作られるのではありません。三角江は、もともと河口だったところに海の水が入ってきたものであり、河口というよりも海岸です（185ページ参照）。河口の土地の沈降、または海面の上昇によって作られます。

世界最長の川ナイル

日本の川は川幅があまり広くなく、短くて急

▲緑色に見えるのが、アフリカ北東部を流れる世界最長の川「ナイル川」の流域（中流〜下流）と、河口の「三角州」である。

ですが、世界にはとても長い川や広い川があります。

地球上で一番長い川は、アフリカの**ナイル川**で、全長6695キロです。

ケニア、ウガンダ、タンザニアにまたがる巨大な**ヴィクトリア湖**に、さまざまな川が流れ込んでおり、そのヴィクトリア湖から北へナイル川が流れます（ヴィクトリア湖に流れ込む川も、ナイルの源流だと考えられています）。下流はエジプトから**地中海**に注ぎます。

ナイル川は、上流から豊かな土を運び、定期的に増水・氾濫（はんらん）してきました。そのため、下流域には恵みがもたらされ、人類史の早い時期から文明が発展しました。

▲世界最大の流域面積を誇る南アメリカ大陸の「アマゾン川」は、豊かな「熱帯雨林」の中を流れている。

最大の流域面積を誇るアマゾン川

地球上で2番目に長い川は、ブラジルを中心に南アメリカ大陸を流れる**アマゾン川**です。

多くの支流をもつこの川の全長は6516キロで、わずかにナイル川に及びませんが、流域面積なら世界一です（長さについてはさまざまな説があり、ナイル川より長いとの主張もあります）。

アマゾン川のまわりには、一年中あたたかく雨の多い**熱帯雨林**（ねったいうりん）が広がっており、ユニークで多様な動植物が生息しています。

しかし、近年は**森林破壊**（236ページ参照）が続いており、豊かな生態系が失われていくのではないかと心配されています。

▲アフリカ大陸南部の「ザンベジ川」には、世界最大級の滝「ヴィクトリアの滝」がある。

巨大瀑布の壮観

川の中に段差があると、**滝**ができます。世界の大河の作る巨大な滝は壮観です。

アフリカ南部を流れる**ザンベジ川**の中流には、**ヴィクトリアの滝**があります。2キロもの幅にわたって、108メートルの高さを大量の水が落ちていく大瀑布(だいばくふ)です（滝のことを瀑布ともいいます）。ジンバブエとザンビアの国境にもなっています。

南アメリカ大陸の**イグアス川**には、落差80メートル以上の滝が150から300も集まった**イグアスの滝**があります（アルゼンチンとブラジルの国境）。また、アメリカとカナダにまたがる**ナイアガラ川**の**ナイアガラの滝**も有名です。

11

地球上のさまざまな湖

成因も性質も知れば知るほど奥が深い

世界最大の湖と最深の湖

陸地に水がたくさん溜まると、**湖**ができます。地球にはたくさんのユニークな湖が存在します。世界で一番大きな湖は、中央アジアと東ヨーロッパの間にある**カスピ海**です。これは塩水が溜まった**塩湖**(えんこ)です。塩水ではなく淡水が溜まった**淡水湖**として世界最大のものは、北アメリカ大陸の**スペリオル湖**です。

ロシアの淡水湖**バイカル湖**は、世界最深かつ貯水量も世界一です。**生物多様性**も高く、ここにしか生息しない多くの生物種を育んでいます。

▼ロシアの「バイカル湖」の冬。不純物を含まない氷が、太陽光の中の青い光を通過させ、エメラルドグリーンに光る。

▲中東にある「死海」は塩分濃度が高く、人の体が自然に浮かぶ。

人の体が浮く死海

中東のヨルダンとイスラエルの国境には、**死海**(しかい)という湖があります。

「死」の海などという怖い名前がついているのは、魚類などの生き物があまり生息していないからです。

生き物がほとんどいない理由は、この湖の**塩分濃度**にあります。海水が3パーセントほどの塩分濃度であるのに対して、死海の水の塩分濃度は、その10倍の30パーセントにもなるのです。これは、高温乾燥の気候で、水分の蒸発が多いためです。

高い塩分濃度のため、浮力が発生し、人の体は湖面に浮かび上がります。

▲アメリカ合衆国アラスカ州の「カトマイ山」山頂にある湖。山腹の「ノバルプタ」という火山の大噴火（1912年）により、カトマイ山の山頂が陥没し、その「カルデラ」に水が溜まってできた「カルデラ湖」である。

火山と湖

火山の**火口**（160ページ参照）のくぼみに水が溜まり、湖となることもあります。

これを**火口湖**（かこうこ）といいます。世界の火口湖では、インドネシアのフローレス島にある**クリムトゥ山**のものが有名です。

火口湖とよく似ていてまぎらわしいのが、**カルデラ湖**です。

これは火口ではなく、火山の噴火によってくぼんだ**カルデラ**（163ページ参照）に水が溜まってできたものです。日本では、北海道の**屈斜路湖**（くっしゃろこ）が有名です。

火口湖とカルデラ湖を合わせて、**火山湖**と呼ぶこともあります。

▲ボリビアの高地にある「ウユニ塩原」は「ウユニ塩湖」の名で知られる。雨が降ると地上に薄く水の膜が張られ、「天空の鏡」とも呼ばれる絶景が見られる。

「天空の鏡」ウユニ塩湖

もうひとつ、厳密にいうと「湖」とは呼べないのかもしれませんが、ぜひ見ていただきたい絶景を紹介します。南米ボリビアの**ウユニ塩原**（えんげん）、またの名を「ウユニ塩湖」です。

はるか昔に**アンデス山脈**が隆起したとき、海水が山の上にもち上げられました。海水はそこで干上がり、大量の塩が残ります。そうしてできたのが、普段は真っ白なこの塩の大地です。

12月から3月の雨季には、降った雨が地面に薄く広がって溜まり、空をきれいに映し出します。標高3670メートルのこの土地は、「天空の鏡」とも呼ばれ、世界中から観光客を集めています。

12 水の侵食が作った地形

削り取られると奇妙な形が残る!!

桂林のタワーカルスト

地球上には、**侵食**（151ページ参照）の作用によって形成された面白い地形も、数多く存在します。

水に溶けやすい**石灰岩**（147ページ参照）などが、水に侵食されてできた地形を、**カルスト地形**といいます。

たとえば中国の**桂林**（コイリン）では、**タワーカルスト**と呼ばれる巨大な地形が見られます。石灰岩地形の中で、雨水が流れる部分が溶かされ（**溶食**（ようしょく））、そうでない部分が残ってできたものです。

▼中国の桂林には、雨水によって侵食された壮大な「タワーカルスト」が数多くある。

▲トルコのカッパドキアで見られる奇岩群。

カッパドキアの奇岩群

トルコの**カッパドキア**では、奇妙な形の岩たちが観光客の目を引きます。まるでアーティストが何らかの意図をもって作ったかのような奇岩群ですが、すべて天然のものです。

この一帯では何百万年もの昔、**火山活動**が活発でした。**火山灰**が地面に降り積もって**凝灰岩**(ぎょうかいがん)となり、その上に溶岩の塊が飛び散って、何層にも重なっていきました。

凝灰岩が水に溶けやすく侵食されやすい一方、溶岩でできた岩石は、比較的侵食を受けにくいので、長い間の風雨により、下方の凝灰岩が削られ、その上に溶岩でできた岩石が残りました。こうして、奇妙な形の岩ができたのです。

13

世界の氷河と氷河地形

分厚い氷の塊は岩石を削り取りながら動く

氷床（大陸氷河）

これまでにも何度か出てきましたが、降り積もった雪が圧縮されてできた巨大な氷の塊が、重力によって動きつづけているものを、**氷河**といいます。現在、地球の陸地の11パーセントは、氷河によって占められています。

氷河は解けずに残る雪から作られるので、寒いところで見られます。寒いところといえば、ⓐ**緯度の高い場所**か、ⓑ**標高の高い場所**ということになります。

この場所の違いは、氷河の分類にもかかわってきます。氷河には、大きく分けてふたつの種類があります。

Ⓐ **氷床（大陸氷河）**
Ⓑ **山岳氷河**（さんがくひょうが）

Ⓐの氷床は、ⓐ緯度の高い場所にある、陸地全体を広く覆うような氷河です。

現在、氷床は**南極大陸**や**グリーンランド**にしか存在していません。しかし、地球の気温が低かった時代には、もっと低緯度の地域まで氷床で覆われていました。

たとえば、7万～1万年前の**最終氷期**（89ペ

▲「山岳氷河」の中でも、壮大なスケールで有名な、アルゼンチンの「ペリト・モレノ氷河」。

ージ参照）には、ヨーロッパではドイツ北部辺りまで氷床が広がっていました。そのような地域では、動く氷河によって地面が削り取られたため、土壌が肥沃（ひよく）ではありません。

山岳氷河

Ⓑの山岳氷河は、ⓑ標高の高い場所にある氷河です。

たとえばアルゼンチンの**ペリト・モレノ氷河**は、**アンデス山脈**の南端、**南パタゴニア氷原**から流れ出しています。

長さ30キロに及ぶこの巨大な氷河は、アルヘンティーノ湖に流れ込み、少しずつ成長しては、氷河の先端が大崩落を起こします。高さ60メートルもの氷壁が湖に崩れ落ちる光景は、圧巻のひと言です。

山岳氷河は、日本にも存在します。かつては「日本には氷河はない」とされていましたが、2012年にこれがくつがえされ、**飛騨山脈**の**立山連峰**などに山岳氷河が見つかっています。

▲氷河の浸食作用によって削り取られた「U字谷」の地形。

氷河によって侵食された地形

水の**浸食**によって作られた地形を174〜175ページで見ましたが、侵食作用をもつのは、液体の水だけではありません。氷河も侵食のはたらきをもっており、これを**氷食**といいます。地球上には、氷食によってできた地形もたくさんあり、それらは**氷河地形**と総称されます。

氷河は、重力によって低い方へと流れます。スピードは一日に数センチから数十センチ程度と遅いものの、分厚い氷の塊が動いていくわけですから、地面やまわりのものを削り取る力も、削ったものを運搬する力も

▲氷河による侵食作業を受けて、尖った「ホーン」となった、アルプス山脈の「マッターホルン」。

たいへんなものです。

山の上のほうが氷河にえぐられ、おわんのようにくぼんだ地形が作られることがあり、これを**カール**（**圏谷**）といいます。

氷河は、谷を大規模に侵食しながら進みます。氷河が通ったあとは、アルファベットの「U」の字のように削り取られ、その地形は**U字谷**と呼ばれます。

また、まわりが氷河に削られて、尖った形の山が残ることもあります。そのような山を**ホーン**（**氷食尖峰**）といいます。

氷河によって削り取られたあとのくぼみなどに水が溜まると、湖ができます。そのような湖を**氷河湖**といいます。たとえば、アメリカとカナダの間にある**スペリオル湖**などの**五大湖**は、すべてが氷河湖です。

14

大地に残された大事件の証拠

天体衝突の爪痕 クレーター

隕石が残したもの

地球の長い歴史の中で、無数の**隕石**(いんせき)が地球に衝突してきました。隕石とは、小惑星の破片などが、上空で燃え尽きることなく地上に落ちてきたもののことです。

隕石の衝突はしばしば、**クレーター**と呼ばれる地形として、地球に爪痕(つめあと)を残します。円形のくぼみができて、そのまわりに輪のような盛り上がった縁が作られるのが、その典型です。

ただし、古い衝突跡は、侵食を受けてわかりにくくなっていることも少なくありません。

▼上空から撮影された、南アフリカ共和国の「フレデフォート・ドーム」。(写真：NASA)

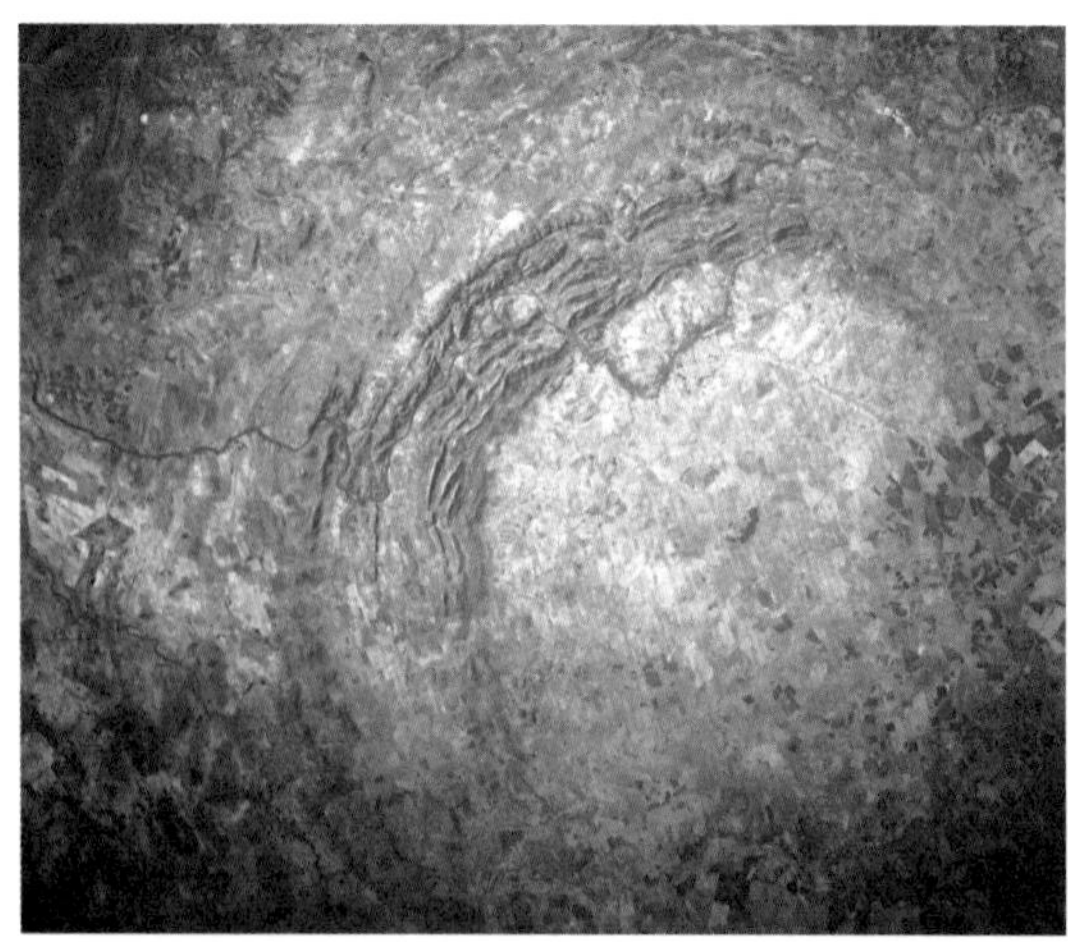

▲上空から撮影された、アメリカ合衆国アリゾナ州の「バリンジャー・クレーター」。（写真：NASA）

バリンジャー・クレーター

現在知られている中で最大の天体衝突跡は、南アフリカ共和国にある**フレデフォート・ドーム**で、直径50キロほどが残っています。

また、メキシコの**チクシュルーブ・クレーター**も、恐竜絶滅につながった小天体の衝突跡として有名です（122ページ参照）。

最もきれいに形をとどめている隕石衝突跡のひとつが、アメリカのアリゾナ州にある**バリンジャー・クレーター**です。

このクレーターを作ったのは、5万年前に降ってきた、直径20～30メートルの隕石です。衝突によって周囲は瞬時に荒野に変わり、4キロ以内の生物は死滅したといわれます。

15

陸と海とのあわいに生まれる美

海岸の地形

海岸の分類

今度は、**海岸**の地形を見ていきましょう。

海岸は、「どのようなものでできているか」という観点から、❶**砂浜海岸**と❷**岩石海岸**の2種類に分類されます。

❶の砂浜海岸は名称のとおり、砂に覆われた浜ですが、その砂は海の波や、海岸付近の**沿岸流**(えんがんりゅう)という水の流れによって運ばれてきて**堆積**したものです。

❷の岩石海岸は、むき出しの岩石によって作られた、崖(がけ)のような海岸です。土砂がゆるやかに堆積しているのではなく、陸地が海水によって**侵食**されている地形だと考えればよいでしょう。

海岸には、ほかの分類の仕方もあります。

Ⓐ**離水海岸**(りすいかいがん)
Ⓑ**沈水海岸**(ちんすいかいがん)

Ⓐの離水海岸は、海水面が下がるか、あるいは海底が隆起するかして、もともと海だった場所が陸地になった海岸です。平らな**海岸平野**や、階段状の**海岸段丘**(かいがんだんきゅう)などが見られます。

Ⓑの沈水海岸の作られ方は、Ⓐの逆です。海

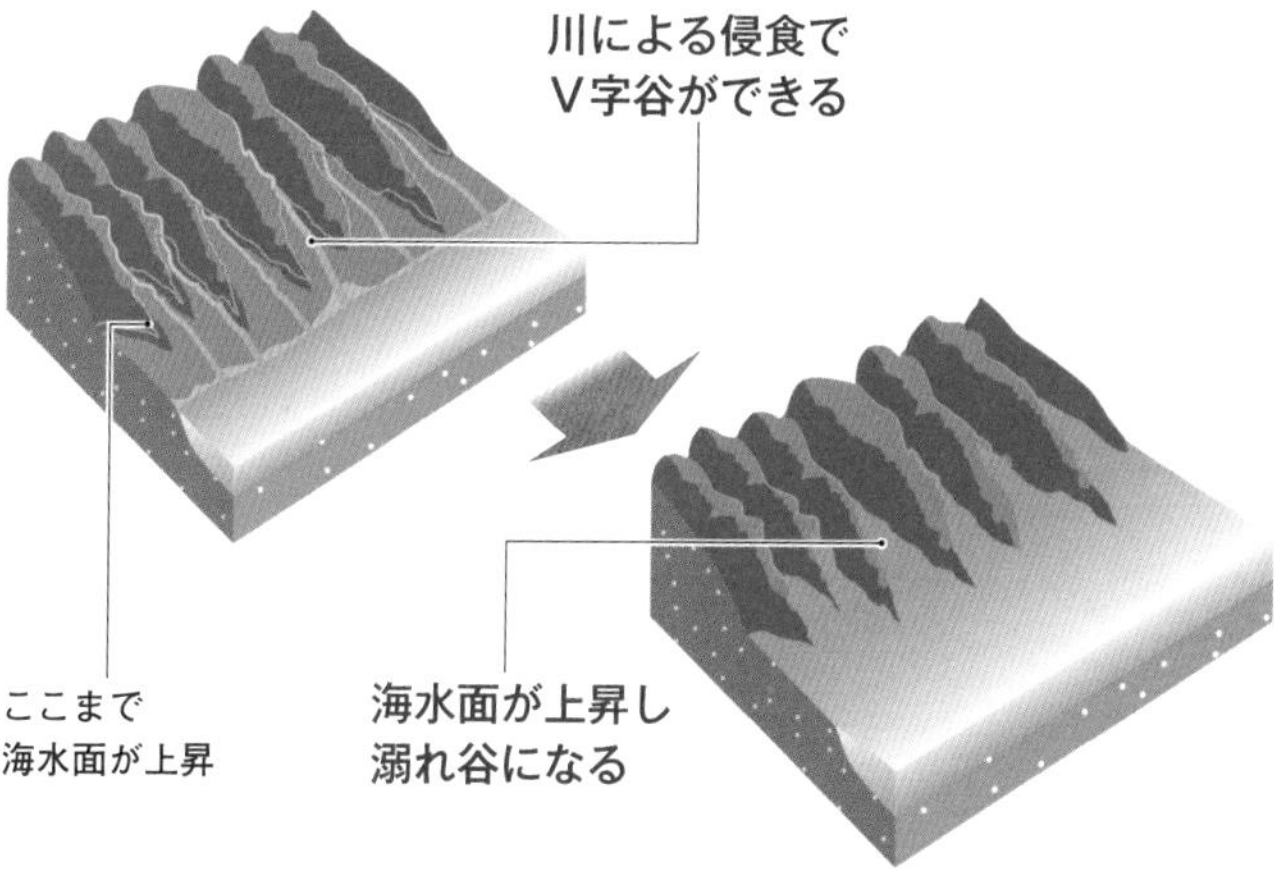

▲「沈水海岸」の一種である「リアス海岸」の作られ方。

水面が上がるか、あるいは陸地の地盤が沈降するかして、もともと陸地だったところが海になるのです。

リアス海岸

沈水海岸の例のひとつとして、**リアス海岸**があります（以前は「リアス式海岸」と呼ばれていました）。

まず、川の侵食によって山地が削られ、アルファベットの「V」の字のような**V字谷**（じこく）が作られます。

そこに海水面が上昇してくると、谷に水が入り込み、**溺れ谷**（おぼれだに）と呼ばれる入り江になります。

この溺れ谷が連続する複雑な形の沈水海岸が、

▲イタリアの「アマルフィ海岸」は、複雑に入り組んだ「リアス海岸」である。

リアス海岸です。

「世界一美しい海岸」ともいわれるイタリア南部の**アマルフィ海岸**も、リアス海岸です。海と山がからみ合った、すばらしい景色が広がっています。

日本でも、青森県から宮城県にかけての太平洋側の**三陸海岸**は、ギザギザな形になったリアス海岸として有名です。

リアス海岸は、海水と河川の淡水が混ざり合う**汽水域**となります。水深が深いにもかかわらず波が低いため、養殖や沿岸漁業に向いており、天然の良港でもあります。

ただし、**津波**（192ページ参照）の被害を受けやすいという面もあります。奥へ行くほどせまくて浅くなる湾で、波が急激に高くなってしまうのです。

▲「沈水海岸」の例である「フィヨルド」。氷河によって削り取られた「U字谷」に海水が入ってきた海岸である。

フィヨルドと三角江

スカンジナビア半島ノルウェーなどに見られる**フィヨルド**も、美しい沈水海岸です。

これは、**氷河**によって侵食された**U字谷**（179ページ参照）に海水が流れ込んだものです。高い崖の間に、細長くて幅が一定の入り江が、曲がりくねりながら入ってきています。大きな船が奥まで入っていくことができます。

そのほか、166ページで紹介した**三角江（エスチュアリー）**も沈水海岸です。土砂が堆積しておらず水深の深い入り江は、船が入ってきやすく、付近に都市が発展することも少なくありません。たとえば**テムズ川**の三角江の奥には、イギリスの首都**ロンドン**があります。

16

海の中に広がる世界

海底にも多様な地形が見られる!!

海底の地形

地球の表面の71パーセントを占める**海**に、目を移していきましょう。海の底にも、さまざまな地形があります。

大陸の近くには、多くの場合、水深200メートル以下の**大陸棚**が広がり、ゆるやかに傾斜しています。

さらに沖合へ行くと、急な斜面があります。これを**大陸斜面**といいます。大陸斜面には、**海底谷**と呼ばれる深い谷のような地形が見られることもあります。

大陸斜面はやがて**コンチネンタルライズ**というゆるい傾斜を経て、平坦な海底に続きます。大洋のほとんどを占めるその平らな地形は、**深海平原**と呼ばれます。

海底には、**マントル**が噴き出して固まり、新しい**プレート**を作り出す**海嶺**（51ページ参照）もあります。

プレートの**沈み込み帯**（52ページ参照）には、せまくて深い溝ができています。**海溝**です。

地球で最も深い海溝は、日本のはるか南東、太平洋の**マリアナ海溝**です。その中でも最深の地点は**チャレンジャー海淵**と呼ばれ、深さ1万924メートルにも達します。

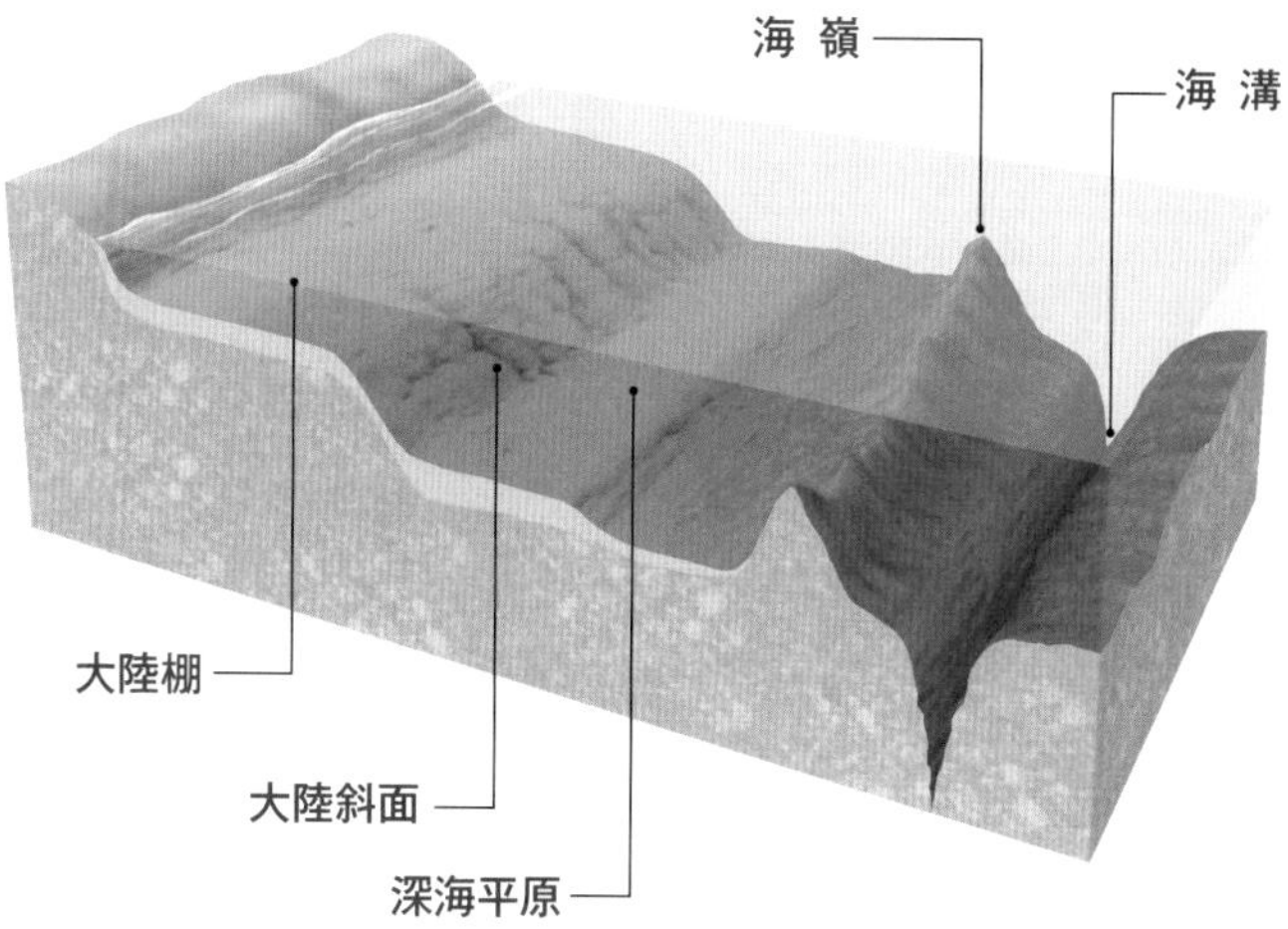

▲海底の地形の模式図。場所によっては、「大陸斜面」からそのまま「海溝」に続くこともある。

海の深さ

海の深さは5段階に分けて把握されています。

❶水深0～200メートルは**表層**（ひょうそう）です。太陽光がよく届き、酸素も豊富で、たくさんの生物が生息します。

❷水深200～1000メートルは、**中深層**（ちゅうしんそう）と呼ばれます。太陽光はかすかに届きますが、人間の目ではキャッチできません。

❸水深1000～3000メートルの**漸深層**（ぜんしんそう）には、もう太陽光は届きません。

❹水深3000～6000メートルは**深海層**（しんかいそう）。深海平原の多くはここに属します。

❺水深6000メートルより深いところ、海溝などは、**超深海層**（ちょうしんかいそう）と呼ばれます。

17

海流と深層流

海の水は地球をめぐる壮大な旅をする

海水の表層の流れ

海には、海水の大きな流れがあります。これを**海流**といいます。

海水の表面の海流は、**風**によって作られています。地球規模の**大気の循環**（202ページ参照）に、地球の自転などの影響も加わって、各所に一定の流れが生まれるのです（下図参照）。

海流の中でも、低緯度から高緯度に向けて流れるものを**暖流**（だんりゅう）といい、多くの場合、まわりの大気をあたためながら冷たくなっていきます。その逆は**寒流**（かんりゅう）といいます。

▼世界の海を流れている表層の「海流」。「暖流」と「寒流」は、海水の温度により、世界各地の気候（第６章参照）に大きな影響を与えている。

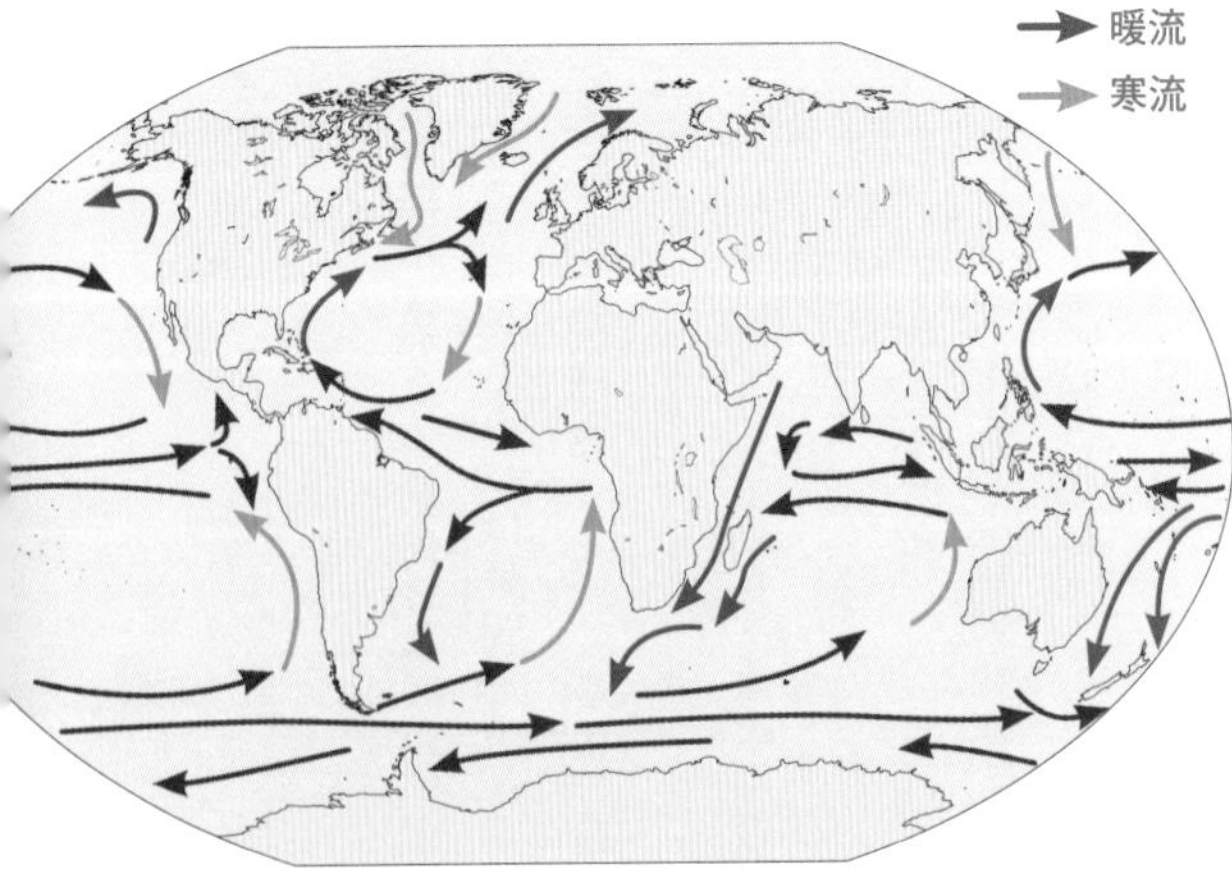

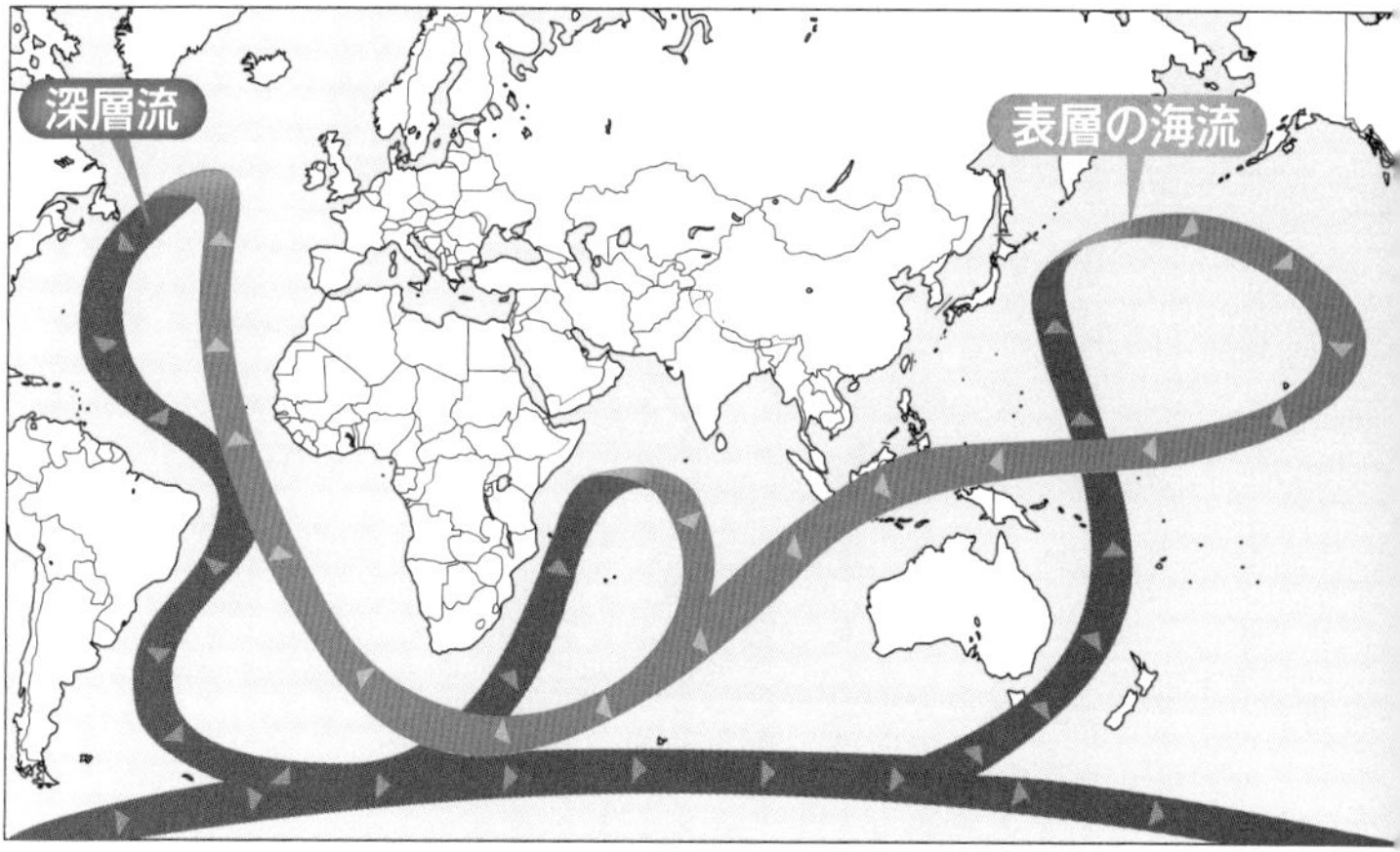

深層流
表層の海流

▲あたたかい表層の海流と、冷たい「深層流」は、上図のように循環している。

海洋大循環

海水は、海の表面だけを流れているわけではありません。

赤道付近から大西洋を北上する表層の海流は、蒸発して塩分濃度が高くなり、重くなります。そしてグリーンランド沖で冷やされてさらに重くなると、深く沈んで**深層流**となります。

深層流はゆっくりと南下して南極大陸の近くまで到達し、そこから方向を変えていきます。そして、インド洋や太平洋で、海の表面へと上がってくるのです。

このような循環は**海洋大循環**と呼ばれます。数千年かけて周回しながら、熱や酸素などを地球全体に運んでいると考えられています。

18

満潮と干潮

引力や遠心力が地球の海水を動かす

起潮力と潮汐

海水面の高さは、いつも一定ではありません。半日ほどの周期で、ゆっくり高くなったり低くなったりします。**潮汐**（ちょうせき）という現象です。

潮汐のメカニズムは非常に複雑なのですが、月の**引力**と地球の自転の**遠心力**を加味した**起潮力**（きちょうりょく）という力が、下図のような方向にはたらいて、地球のまわりの海水を楕円形に引き伸ばします。

この状態で地球が自転するので、地球上の各地点はたいてい一日に2回ずつ、海水面が最も高い**満潮**（まんちょう）と、海水面が最も低い**干潮**（かんちょう）を迎えます。

▼「満潮」と「干潮」は、下図の矢印で表される「起潮力」によって引き起こされる。「起潮力」は、おもに月の引力と、地球の自転による遠心力によって生じる。

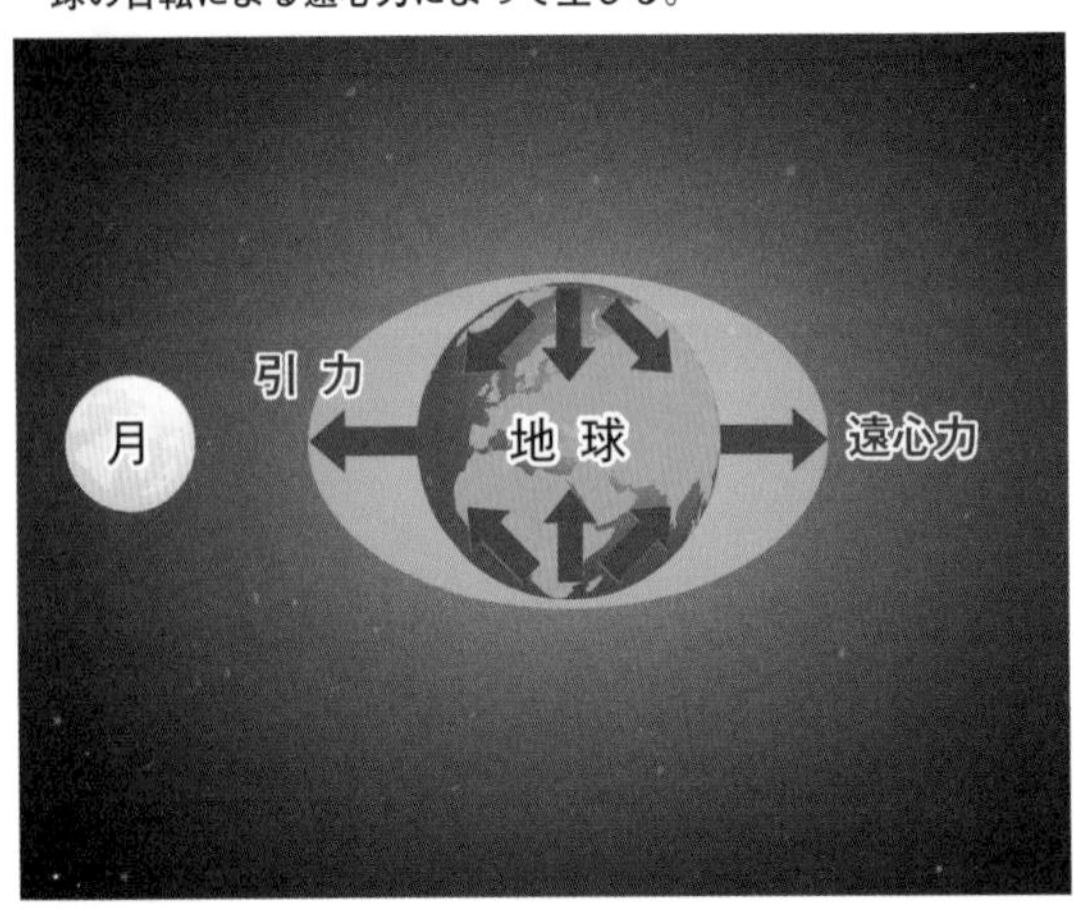

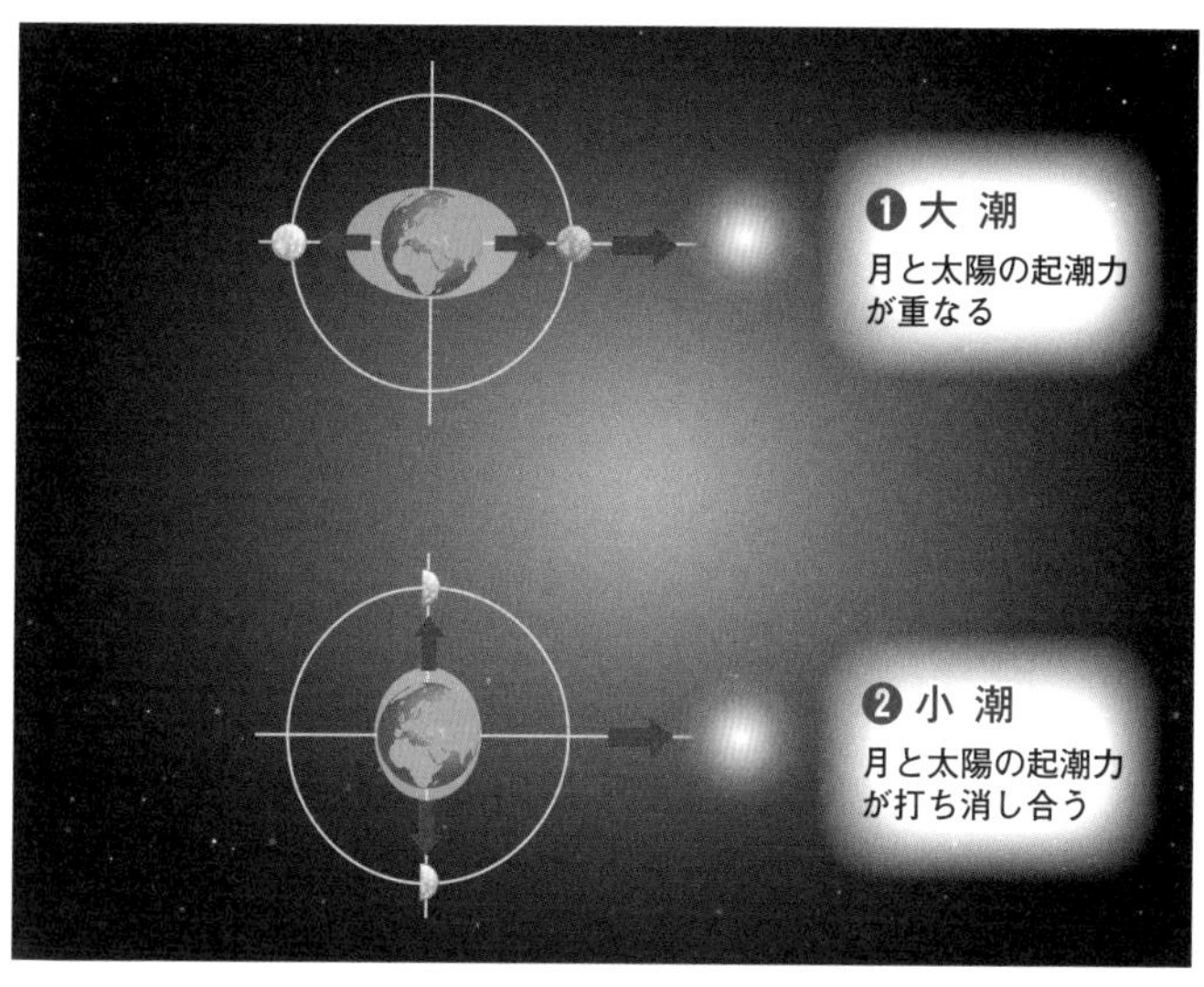

▲「大潮」と「小潮」は、月の「起潮力」と太陽の「起潮力」との関係から生じる。新月と満月の頃には「大潮」、上弦の月と下弦の月の頃には「小潮」になる。

大潮と小潮

地球と太陽との間でも、小さい起潮力が生じます。

❶地球と月を結ぶ直線と、地球と太陽を結ぶ直線が重なるとき、月による起潮力と太陽による起潮力の方向が重なるため、満潮と干潮の差は最も大きくなります。そのような時期を**大潮**（おおしお）といいます。

❷逆に、地球から見て月の方向と太陽の方向が直角にズレているときは、起潮力の方向も直角にズレて、打ち消し合います。そのため、満潮と干潮の差は最も小さくなります。そのような時期を**小潮**（こしお）といいます。

19

海底の動きが危険な波を生み出す

津波のメカニズム

地震などが津波を起こす

地震などによって、海底がもち上げられたり沈み込んだりすると、その動きが海水に伝わり、波ができます。

波のスピードは、水深が深いところのほうが速く、浅いところのほうが遅くなります。陸のほうへ近づいてきた波はスピードが落ち、後ろから追いかけてきた波と合流することになります。

そのため、どんどん高くなり、陸に押し寄せます。これが**津波**です。

危険な波

たとえば**台風**（214ページ参照）のときも、とても高い波が陸にやってくることがありますが、津波のほうが危険だといわざるをえません。

台風などの波と津波との一番の違いは、

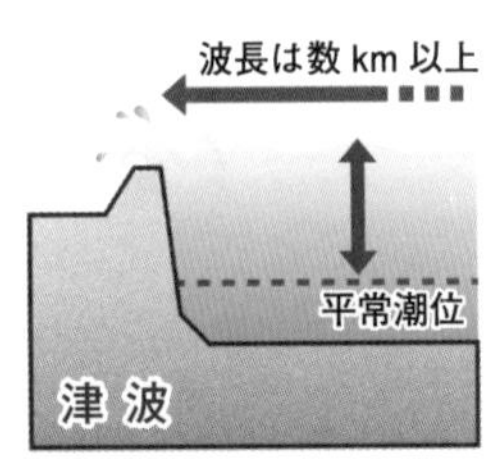

▲「台風」などのときの荒い波と、「津波」との違い。

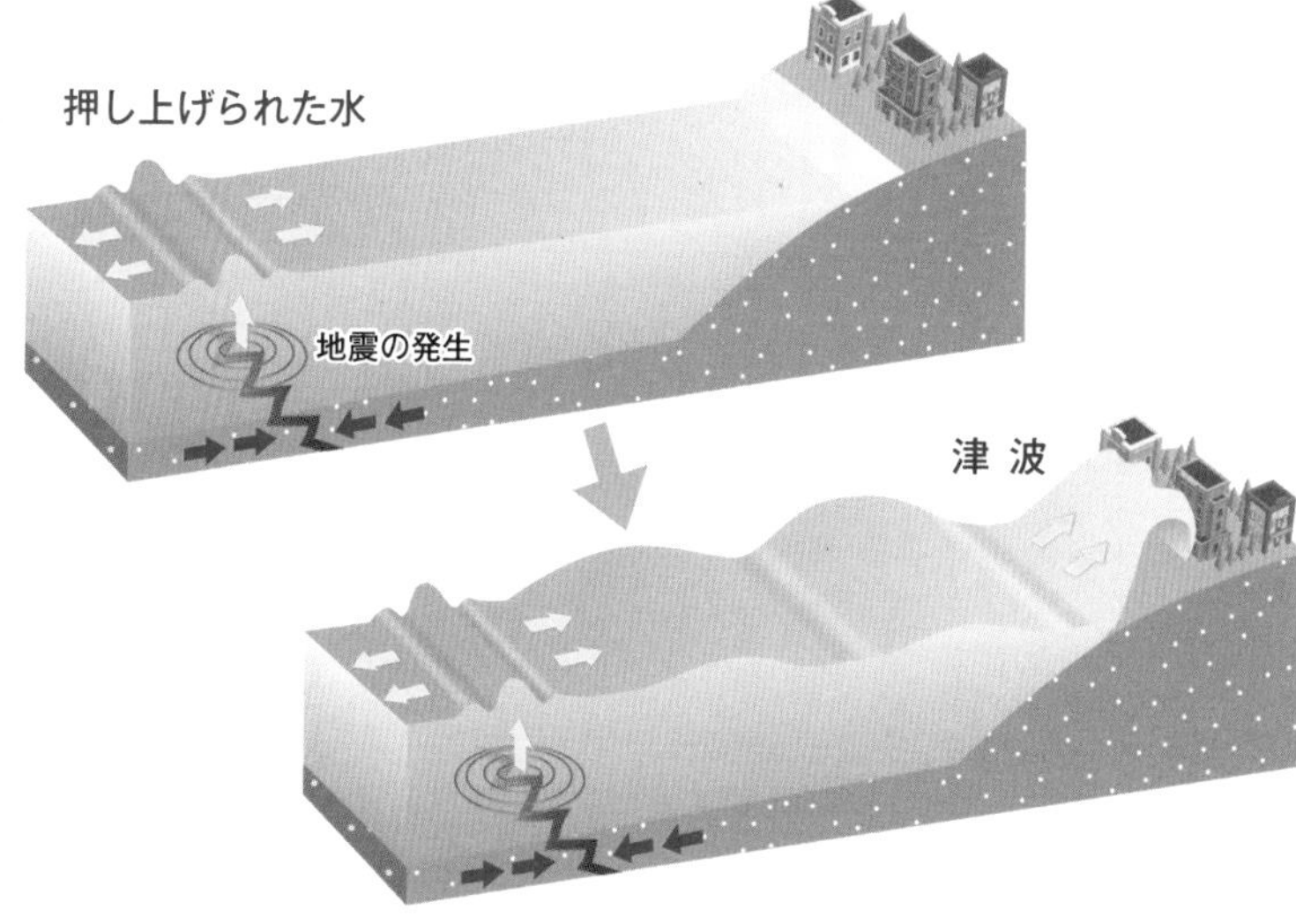

▲海底で地震が起こった場合、「津波」が陸に押し寄せてくる危険がある。

波長です。

波長とは、波の山（一番高まっているところ）から山、あるいは谷（一番低くなっているところ）から谷までの、1サイクルの長さのことです。

台風の波は波長が短いので、たとえ高まったときに堤防を越えたとしても、また低くなります。

しかし、津波は波長が非常に長いので、押し寄せた波はなかなか低くなりません。海水面自体が上がったようなものです。

たとえば「津波の高さ1メートル」と聞いて、「そんなに高くないな」とあなどってはいけません。高さ1メートルの壁が衝突してきて、ぶつかったあともぐいぐいと押しつづけてくるのです。

COLUMN 5

地球史上の破局噴火

2億5190万年前、**ペルム紀末の大量絶滅**（117ページ参照）を引き起こしたのは、火山の**破局噴火**（164ページ参照）だと考えられています。中央シベリア高原に広がる巨大な玄武岩の台地**シベリア・トラップ**は、そのときに流れ出した溶岩でできています。

そのほかにも地球は、数えきれないほどの破局噴火を経験してきました。

インドのデカン高原には、**デカン・トラップ**と呼ばれる溶岩台地があり、これは、6600万年前の大きな火山活動の溶岩で作られたと考えられています。6600万年前といえば、ちょうど**恐竜**が絶滅した**白亜紀末の大量絶滅**（122ページ参照）に重なります。

イエローストーンは、210万年前、130万年前、そして64万年前に、とても大きな噴火を起こしています。

地球最大の**カルデラ湖**（172ページ参照）は、インドネシアのスマトラ島北部にある**トバ湖**で、長さ100キロ、幅30キロにもなります。ここでは120万年前、84万年前、50万年前、そして7万4000年前の4回にわたって破局噴火が起こりました。

7万4000年前のトバの噴火は、単発の噴火としては、過去258万年の間で最大のものだったとされます。「この噴火の影響で、当時の**ホモ・サピエンス**が絶滅寸前まで追い込まれた」とする**トバ・カタストロフ理論**も唱えられ、議論されています。

第6章
気候と気象の秘密

01 世界の気候帯

違う場所の気候を5つのグループに分ける

気象と気候

この章では、地球の気候や気象を扱います。まずは、言葉の意味を押さえておきましょう。

気象とは、大気の状態や、そこから生じる現象のことです。

たとえば、水蒸気を含んだ空気が、上昇する空気の流れに乗ると、**雲**ができます（203ページ参照）。雲からは**雨**や**雪**が降ったり（210ページ参照）、**雷**が落ちたりします（212ページ参照）。これらはすべて、気象です。

そして、ある場所の長期的な気象の状態を、**気候**といいます。

ある日たまたま雨が降ったとか雪が降ったとか、そういう短期的な観測結果は「気候」にはなりません。長期間の観測を平均して割り出される傾向が「気候」です。

気候は、**気温**、**風**、**降水量**（雨や雪などの降る量）など、さまざまな要素から総合的に成り立っています。

ケッペンの気候区分

地球上の各地の気候は、**大気の循環**（202

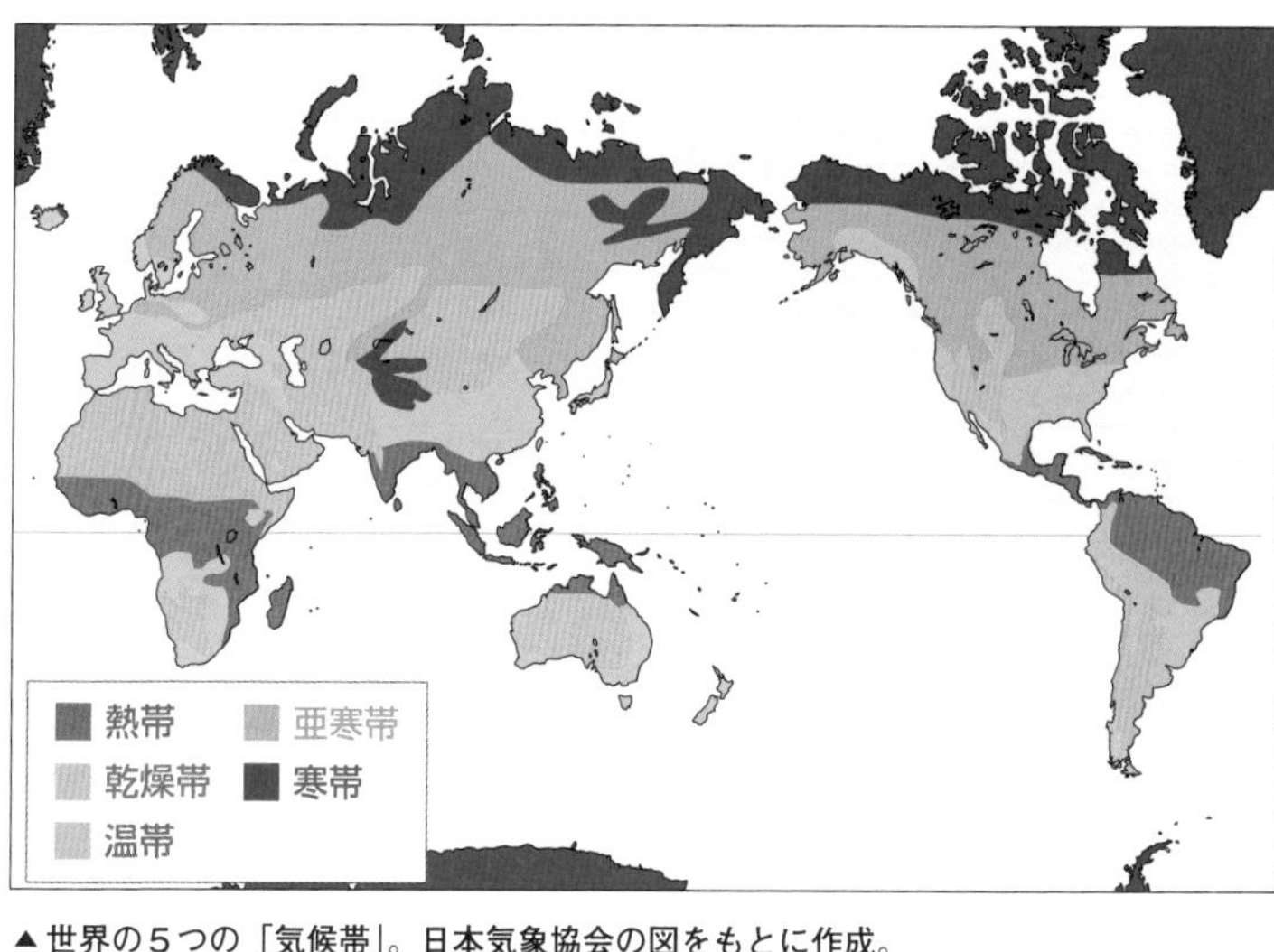

▲世界の５つの「気候帯」。日本気象協会の図をもとに作成。

ページ参照）や**海流の循環**（188ページ参照）、その場所の**地形**などから大きな影響を受けて決まってきますが、共通点を見つけて、いくつかのグループに分けることができます。

そのグループ分けを**気候区分**といいます。現在よく使われているのは、ドイツの気象学者・気候学者**ヴラディーミル・ペーター・ケッペン**（1846〜1940年）が考案した気候区分です。

ケッペンは、それぞれの地域の**植生**（どのような植物が生育しているか）などにも注目して、世界の気候を、大きく5つの**気候帯**に分けました。**熱帯**、**乾燥帯**、**温帯**、**亜寒帯**（**冷帯**）、**寒帯**です。

▲ケッペン。

02

地球上のさまざまな気候

それぞれの気候帯はいくつもの気候区に分けられる

熱帯の気候

5つの**気候帯**それぞれの中には、より小さな区分である**気候区**が含まれています。おもなものを見ていきましょう。

赤道を中心に低緯度地域に広がる**熱帯**は、一年を通して気温が高いのが特徴です。

▲ペルーのアマゾン川周辺の「熱帯雨林」（熱帯）。

熱帯雨林気候は、一年じゅう雨が多く、**熱帯雨林**と呼ばれる密林が繁ります。

サバナ気候は、雨の多い**雨季**と、雨の少ない**乾季**があります。まばらに木の生えた**サバナ**（サバンナ）という丈の高い草原が広がっています。

▲タンザニアの「サバンナ」（熱帯）。

▲モンゴルの「ゴビ砂漠」と、そこに隣接する「ステップ」（乾燥帯）。

乾燥帯の気候

乾燥帯も昼間の気温が高くなりますが、夜は一気に気温が下がります。

そして何といっても、降水量が少ないのが特徴です。雨がほとんど降らないため、森林は形成されません。

アフリカ北部やアラビア半島、大陸の内陸部などに広がる**砂漠気候**(さばくきこう)は、一年じゅう雨がとても少なく、ほとんどの場所では草も育ちません。ただ、河川や地下水の湧く泉のまわりなどに、**オアシス**と呼ばれる緑地が点在します。

砂漠気候を取り囲むように、**ステップ気候**が存在します。わずかに雨の降る季節があり、**ステップ**という丈の短い草原が広がります。

温帯の気候

中緯度の地域などに見られる**温帯**の気候は、**季節の変化**をもつのが特徴です。一年の中での気温や降水量の変化が大きい**温帯湿潤気候**（日本など）、変化が小さい**西岸海洋性気候**（ヨーロッパ西岸など）、夏場は乾燥して冬には雨が多くなる**地中海性気候**（イタリアなど）があります。

▲イタリアの「シチリア島」（温帯）。

亜寒帯の気候

おもに高緯度地域に分布する**亜寒帯**（冷帯）には、一年を通して雨が降る**亜寒帯湿潤気候**や、冬に乾燥する**亜寒帯冬季少雨気候**が含まれます。冬の寒さは厳しいですが、夏には気温が上がり、**針葉樹**などが育ちます。

▲ロシアの「針葉樹」の森（亜寒帯）。

▲グリーンランドの「ツンドラ」（寒帯）。「ツンドラ気候」の地域には、人間も居住可能である。

寒帯の気候

そして、北極圏や南極大陸には、**寒帯**の気候が見られます。

非常に寒く、生活を営むのは容易ではありませんが、それでも**ツンドラ気候**の地域には短い夏があり、雪や氷がなくなってわずかに植物も育ちます。

ただ、地中は凍りついたままで解けません。そのような地盤を**永久凍土**（えいきゅうとうど）といいます。そして、地下に永久凍土が広がる土地が、**ツンドラ**と呼ばれるのです。

より厳しいのが**氷雪気候**（ひょうせつきこう）です。夏でも平均気温は氷点下で、一年じゅう氷と雪に覆われています。

03 大気大循環

空気の流れは地球全体をめぐる

気圧とは何か

世界の**気候**には、地球規模の**大気の循環**が影響を与えています。大気の循環について知るために、まずは**気圧**（きあつ）についての基本的な考え方を押さえましょう。ここをしっかり理解すれば、このあとの**気象**の話もわかりやすくなります。

気圧とは、気体の圧力のことで、多くの場合は**大気の圧力**を指します。

圧力は、「ある決まった面積（単位面積）に、どれくらいの力がかかっているか」で決まります。空気でいうと、ある決まった広さの中にたくさんの空気があるほど、気圧が高くなります。なぜなら、空気にも重さがあり、たくさんの空気が詰まっていたほうが、足し合わされた重さによってかかる力が大きくなるからです。

ですから、空気が濃いと気圧が高くなり、空気が薄いと気圧は低くなります。

高気圧・低気圧と風・雲

まわりと比べて気圧が高いことをⒶ**高気圧**（こうきあつ）といい、逆に、低いことをⒷ**低気圧**（ていきあつ）といいます。

空気は、Ⓐみっちり詰まった気圧の高いと

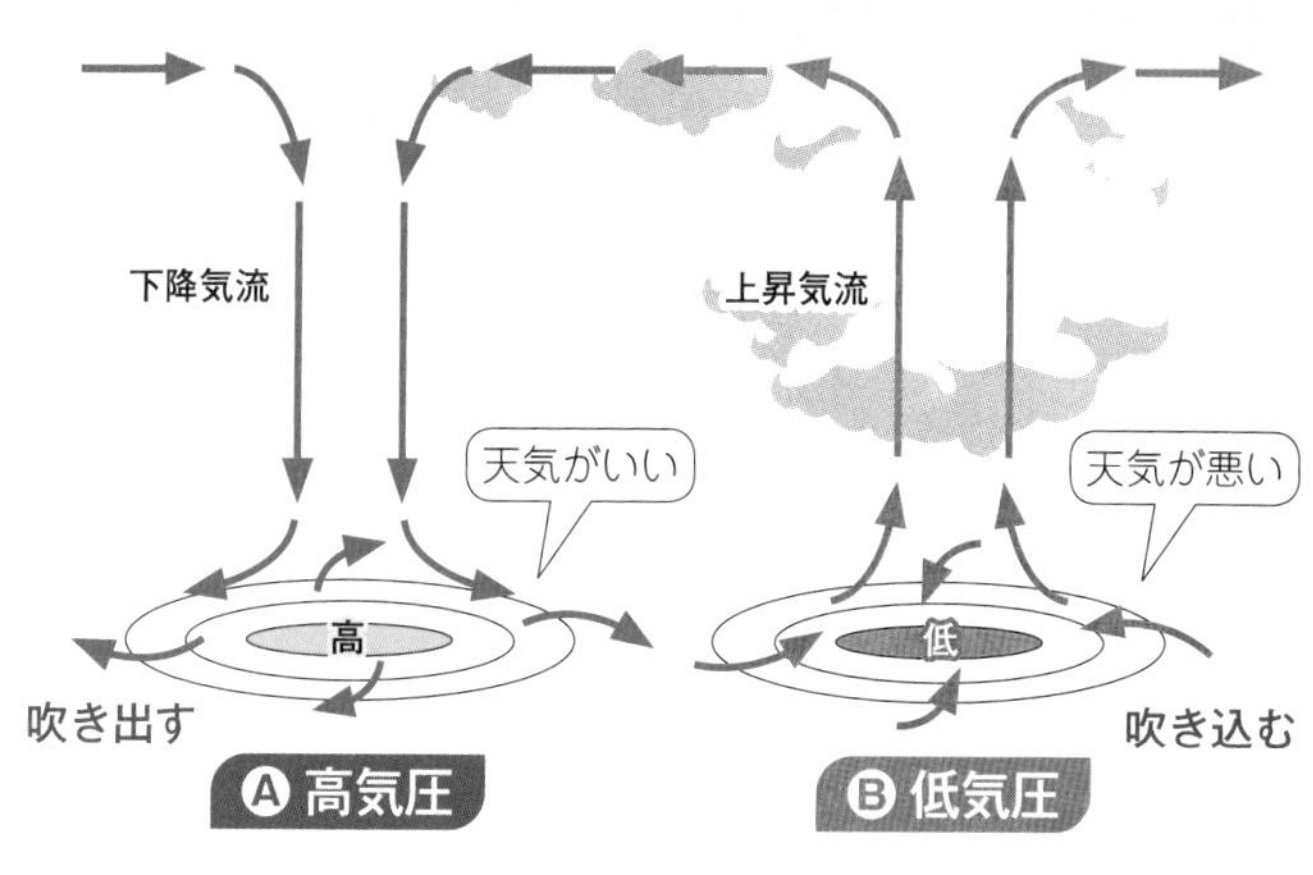

▲「高気圧」の中心部には「下降気流」があって、風がまわりに吹き出している。
「低気圧」の中心部には「上昇気流」があり、風が吹き込んでいる。

ころから、Ⓑ薄く気圧の低いところへと移動します。この空気の移動が**風**です。

ある場所に、上空から降りてくる空気の流れがあったとしましょう。この**下降気流**（かこうきりゅう）により、空気がたくさんやってくるので、その場所はⒶ高気圧になります。空気は気圧の低いところへ移動しようとし、高気圧の中心から周囲へ、風として吹き出します。

また、別のある場所に、上空へ昇る**上昇気流**（じょうしょうきりゅう）があったとすると、空気が上に運び去られるので、その場所はⒷ低気圧になります。低気圧の中心には、まわりから風が吹き込んできます。

空気が上昇すると、その中の水分が上空の冷気で冷やされ、**雲**ができます。ですから、Ⓑ低気圧のところでは天気が悪くなります。逆に、Ⓐ高気圧のところでは天気がよくなります。

ハドレー循環

以上を踏まえて、地球全体での空気の流れ（**大気大循環**）を見てみましょう。

最も強く太陽の光を受ける**赤道**付近では、空気があたためられ、軽くなって上に昇っていきます。この上昇気流のため、赤道付近の地表は空気が薄くなり、低気圧になります。そのため、赤道のまわりは**赤道低圧帯**と呼ばれます。

赤道低圧帯から上空に昇った空気は、やがて冷やされて重くなり、地表に降りてきます。この下降気流のため、緯度30度あたりは高気圧になります。その一帯を**中緯度高圧帯**といいます。

中緯度高圧帯で下降してきた空気は、地面にぶつかって、❶一方は低緯度側に、❷もう一方は高緯度側に分かれて吹き出します。そして❶低緯度側に戻ってきたほうは、気圧が低くなっている赤道低圧帯に吹き込むのです。

このように、赤道低圧帯から中緯度高圧帯にかけて、大気は循環しています。この循環を**ハドレー循環**といいます。

極循環とフェレル循環

北極や南極付近は、空気が冷たくて重いので、つねに下降気流が生じ、高気圧になっています。この**極高圧帯**からは、❸低緯度方向に風が吹き出します。それが、❷中緯度高圧帯から高緯度方向へ吹いてきた風とぶつかります。すると、冷たい❸の空気の上に、比較的あたたかい❷

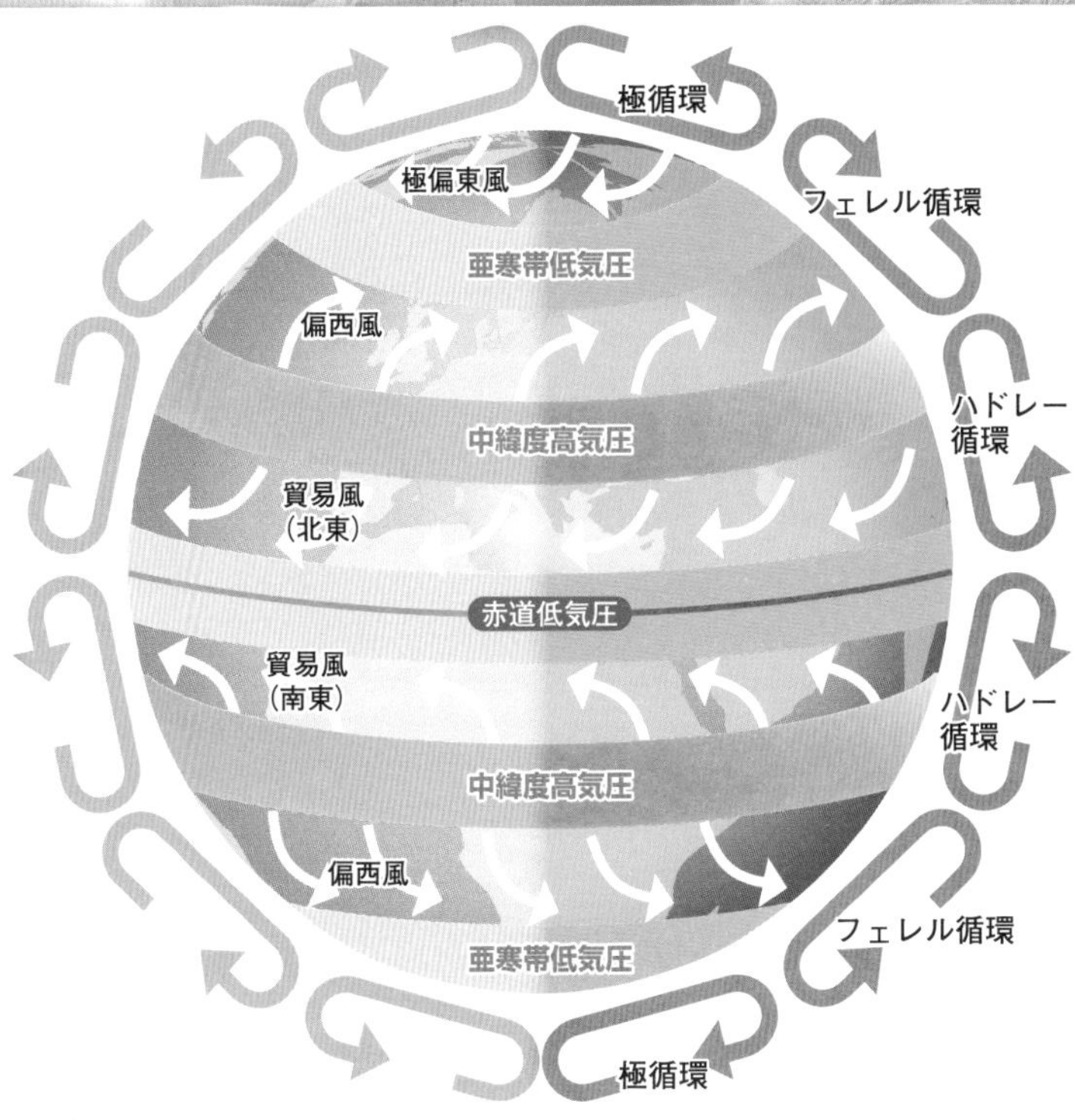

▲風は、地球の自転運動の影響を受ける。「中緯度高圧帯」から「赤道低圧帯」へ向かう風は西に曲げられる。このような作用を、「コリオリの力」という。

の空気が乗り、上昇気流が生じて低気圧になります。

この**亜寒帯低圧帯**からの上昇気流は、高緯度側の極高圧帯との間に、**極循環**と呼ばれる大気の循環を作ります。また、低緯度側の中緯度高圧帯との間には、**フェレル循環**という大気の循環が形成されます。

そして、これらの大気の循環と、地球の自転運動による効果が組み合わさって、上図のように、**貿易風**や**偏西風**といった風が吹くのです。

04

さまざまな雲

空を彩る個性豊かなキャラクターたち

雲の分類

気象の話に移り、**雲**を見ていきましょう。

雲はさまざまな姿で私たちを楽しませてくれますが、その形は、大きく10種類に分けられます。これを**十種雲形**(じっしゅうんけい)といいます。

また、発生する高さによって、3種類に大別されます。

Ⓐ **上層雲**(じょうそううん)……5〜13キロ
Ⓑ **中層雲**(ちゅうそううん)……2〜7キロ
Ⓒ **下層雲**(かそううん)……2キロ以下

上層雲

Ⓐの上層雲には、十種雲形の中の❶**巻雲**(けんうん)、❷**巻積雲**(けんせきうん)、❸**巻層雲**(けんそううん)が含まれます。

❶巻雲は、最も高いところにできる雲で、「すじ雲」「はね雲」「しらす雲」などとも呼ばれます。

❷巻積雲は、「うろこ雲」「いわし雲」「さば雲」の別名を

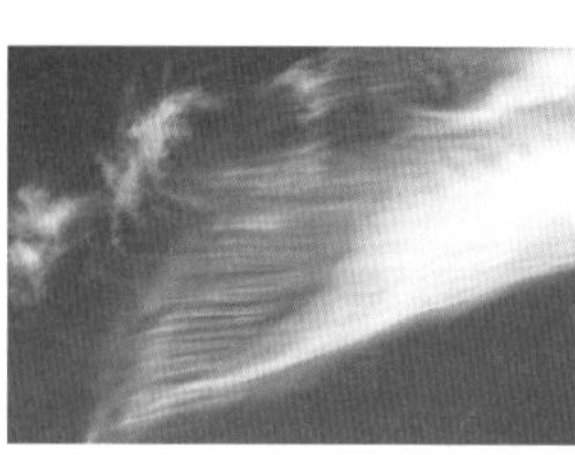

▲「巻雲」。

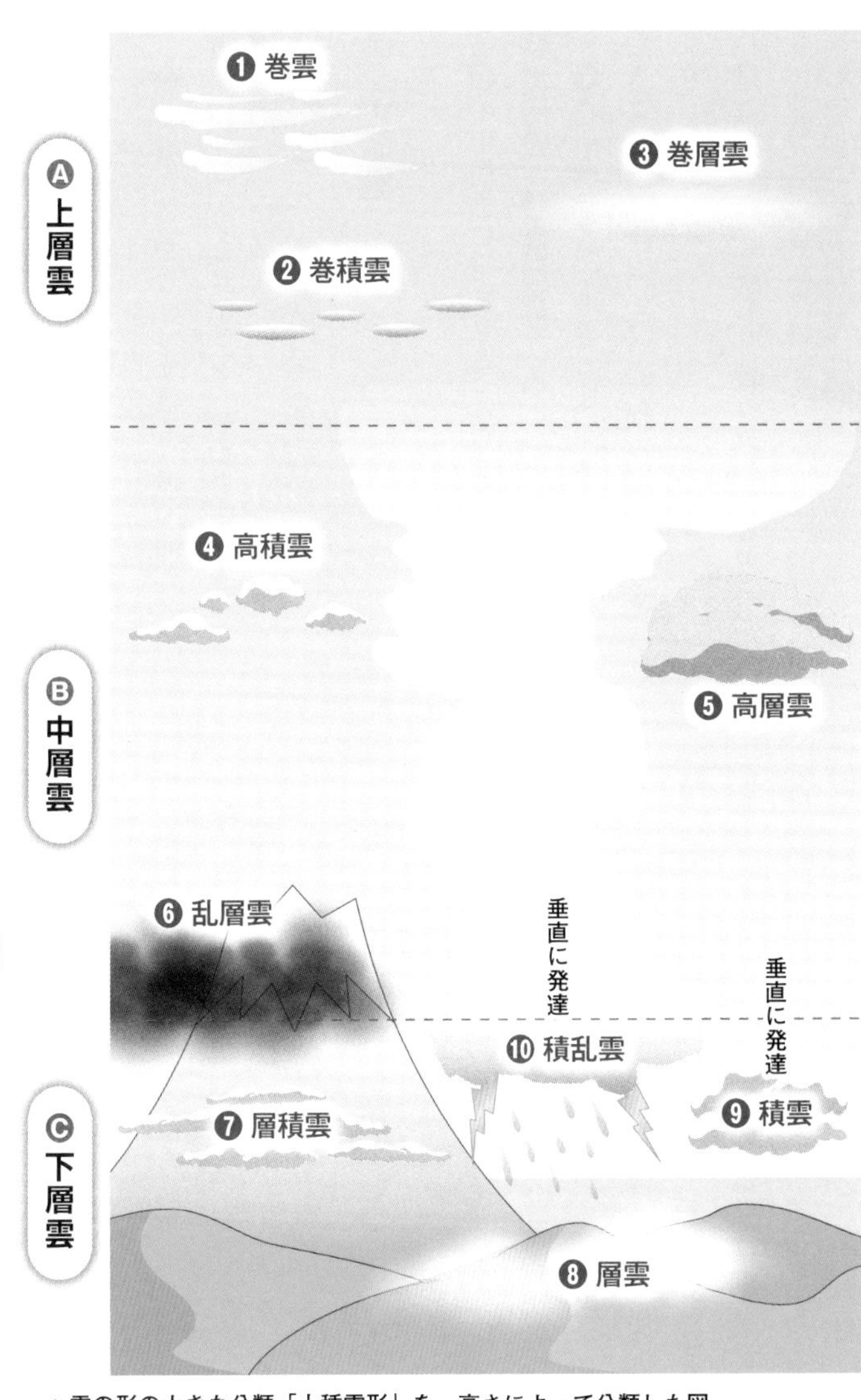

▲雲の形の大きな分類「十種雲形」を、高さによって分類した図。

もちます。小さな塊状で、魚のうろこのように見えるのです。

❸巻層雲は通称「うす雲」。薄く層状に広がり、天候が悪くなる兆し（きざし）といわれています。

中層雲

Ⓑの中層雲に含まれる十種雲形は、❹**高積雲**（こうせきうん）、❺**高層雲**（こうそううん）、❻**乱層雲**（らんそううん）です。

❹高積雲は多くの雲の塊が広がったもので、「まだら雲」「ひつじ雲」「むら雲」とも呼ばれます。

❺高層雲は空を広く覆う幕のような雲であり、通称「おぼろ雲」です。

❻乱層雲は「雨雲（あまぐも）」「雪雲（ゆきぐも）」で、暗くてぼんやりしており、雨を降らせます。

いろいろな名前が出てきて混乱されるかもしれませんが、「積」の字が入っている雲は上に伸び、「層」の字が入っている雲は横に広がり、「乱」の字が入っている雲は天気を乱す（雨を降らせたりする）、という法則があります。

▼「高積雲」（上）と「乱層雲」（下）。

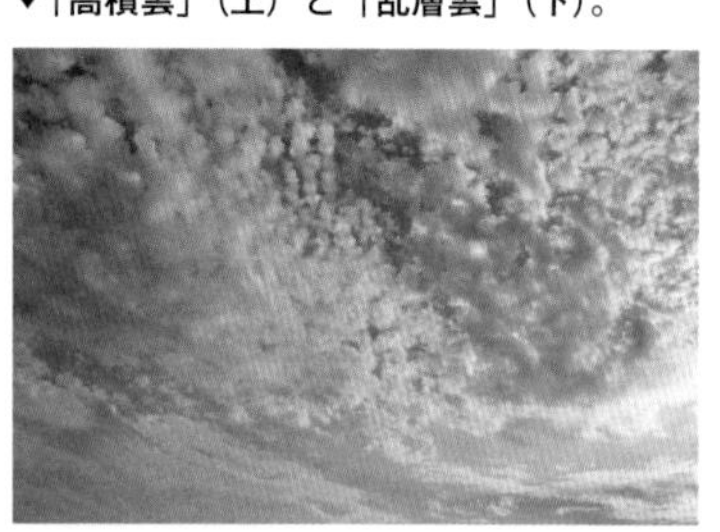

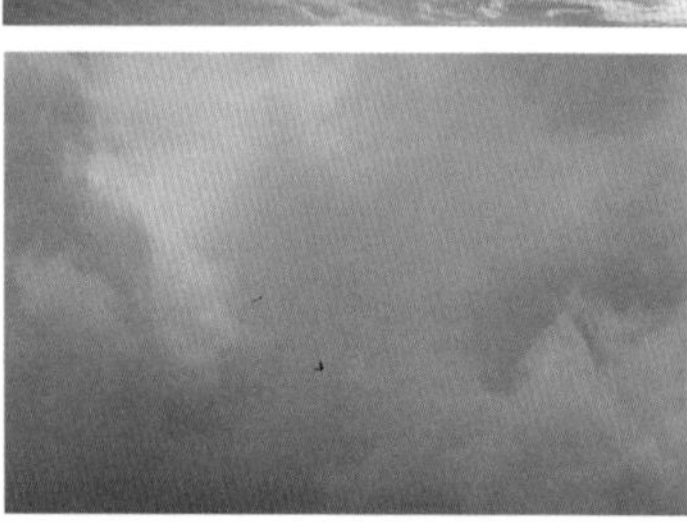

▲「積乱雲」。形によっては「入道雲」とも呼ばれるが、垂直方向に発達した「積雲」が「入道雲」だとする考え方もある。

下層雲

Ⓒの下層雲には、十種雲形の中の❼**層積雲**、❽**層雲**、❾**積雲**、❿**積乱雲**が属します。

❼層積雲は「うね雲」「くもり雲」ともいいます。白や灰色で、いろいろな形になります。❽層雲は別名「霧雲」です。白や灰色で、霧のように広がり、ときに弱い雨を降らせます。❾積雲は丸っこく、「わた雲」とも呼ばれます。垂直方向に大きくなって、中層や上層にまで達することもあります。大きく発達した積雲は、**雄大積雲**といいます。

❿積乱雲は「雷雲」。これも縦に長く発達します。にわか雨を降らせたり、雷を落としたりします。

雨や雪はなぜ降るのか

雲は水や氷の粒でできている

雲は、どのようにしてできるのでしょうか。

水蒸気を含んだ空気が、**上昇気流**に乗って上空へ昇ります（203ページ参照）。上空のほうが温度が低いので、この空気は冷やされます。気体である水蒸気が冷やされると、空気中の目に見えないほど小さいチリを芯として、液体の水の粒になります。もっと冷やされると、氷の粒になります。

この**小さな水や氷の粒の集合体**こそが雲です。

雲粒それぞれは、非常に小さいものですが、いちおう重さもあり、つねに落下しつづけています。しかし、たえず下から上昇気流が吹き上げてきているため、落ちきることなく空に浮かんでいるのです。

雨や雪の降るメカニズム

では、雲はどのようにして**雨**を降らせるのでしょうか。

雨を降らせる雲の代表例は、**積乱雲**です（209ページ参照）。積乱雲は、垂直方向に大きく発達します。高いところはそれだけ温度が下

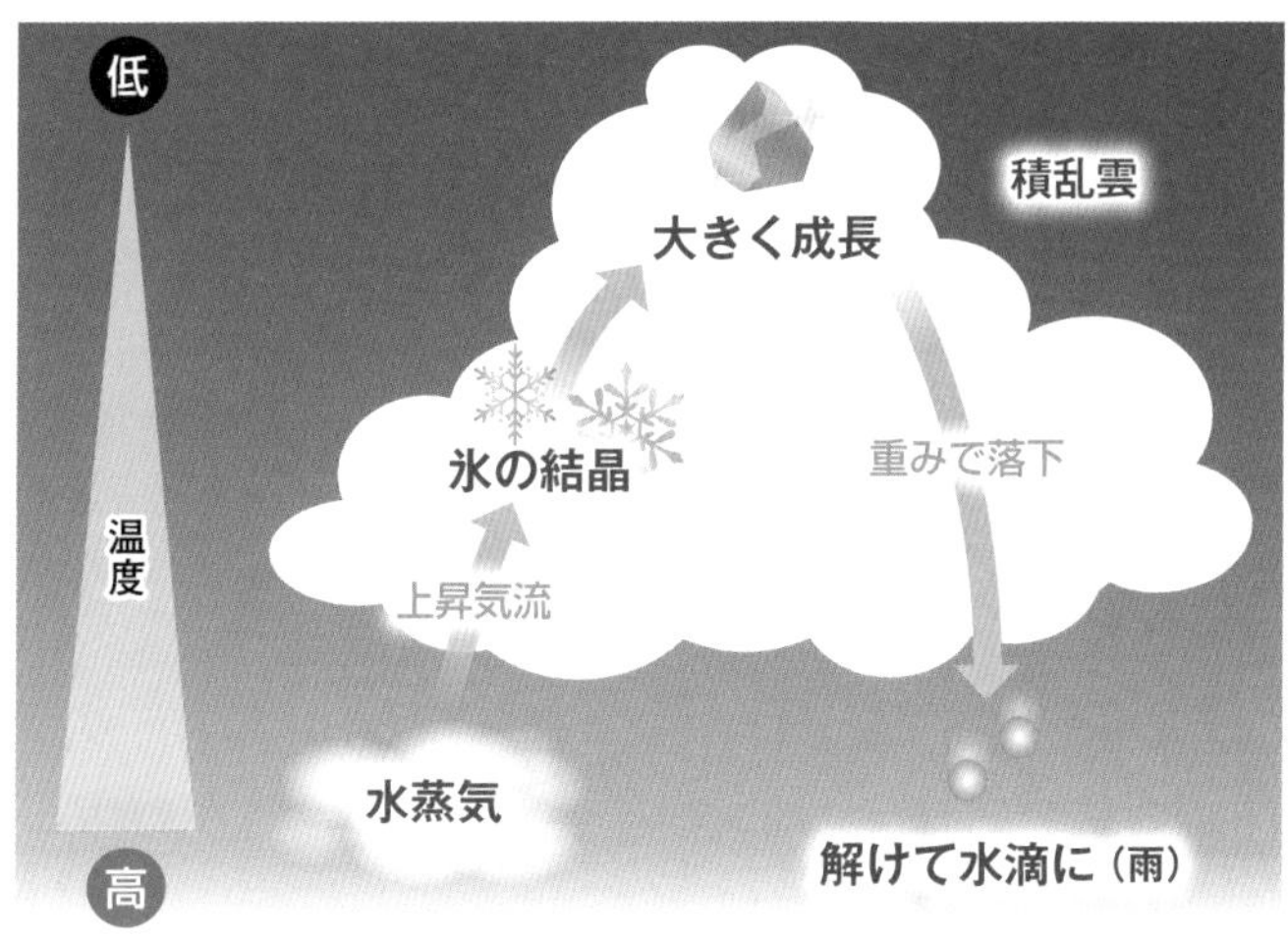

▲「雨」が降る基本的なメカニズム。「雲の中で氷の結晶がどれほど大きくなるか」や「落ちる途中で氷が解けるか」によって、「雹」や「雪」などさまざまな形に変わる。

がるので、積乱雲の上のほうは非常に低温です。そこでは、上昇してきた水蒸気が氷の結晶になります。

この氷の結晶は、大きく成長すると、自分の重みで落下していきます。そして、落ちていく途中であたたかい空気に解かされ、液体の水として地表に降り注ぐのです。これが、私たちにとってなじみ深い気象である雨です。

もし、地表近くの温度が低く、落下する氷の結晶を解かさなかったときは、氷の結晶はそのまま降ってきます。これが**雪**です。

また、積乱雲の中で氷がとても大きく成長した場合、たとえ夏の暑い時期であっても、大きな氷の塊がバラバラと地上に落ちてくることがあります。このようにして降る直径5ミリ以上の氷を、**雹**（ひょう）といいます。

06

雲の中で生まれる静電気のドラマ

雷はどのように発生するのか

雲の中に電気が溜まる

雷も、**雲**から生まれる気象として、私たちがよく知っているもののひとつです。

その発生のメカニズムはとても複雑で、じつは完全に解明されてはいないのですが、概略を解説しましょう。

「雷雲」と呼ばれる**積乱雲**の中では、Ⓐ小さな氷の粒と、Ⓑ比較的大きな**霰**(あられ)という氷の粒が、さかんにぶつかっています。Ⓑ霰が重いせいで上に昇りきれずにいるところへ、Ⓐ小さくて軽い氷の粒が下からやってくるせいで、衝突してしまうのです。

ものがこすり合わされると、**静電気**(せいでんき)が発生します。ここでは、Ⓐ小さな氷の粒は**プラスの電気**を、Ⓑ大きな霰は**マイナスの電気**を帯びることになります。

そして、Ⓐ小さな氷の粒は積乱雲の上のほうへ昇りつづけ、Ⓑ大きな霰は積乱雲の下のほうに集まります。このことによって、雲の上側にプラスの電気が、下側にマイナスの電気が溜まっていくのです。

また、雲の下側にマイナスの電気が溜まると、**静電誘導**(せいでんゆうどう)という現象が起こり、雲の底と向き合う大地の表面に、プラスの電気が集まります。

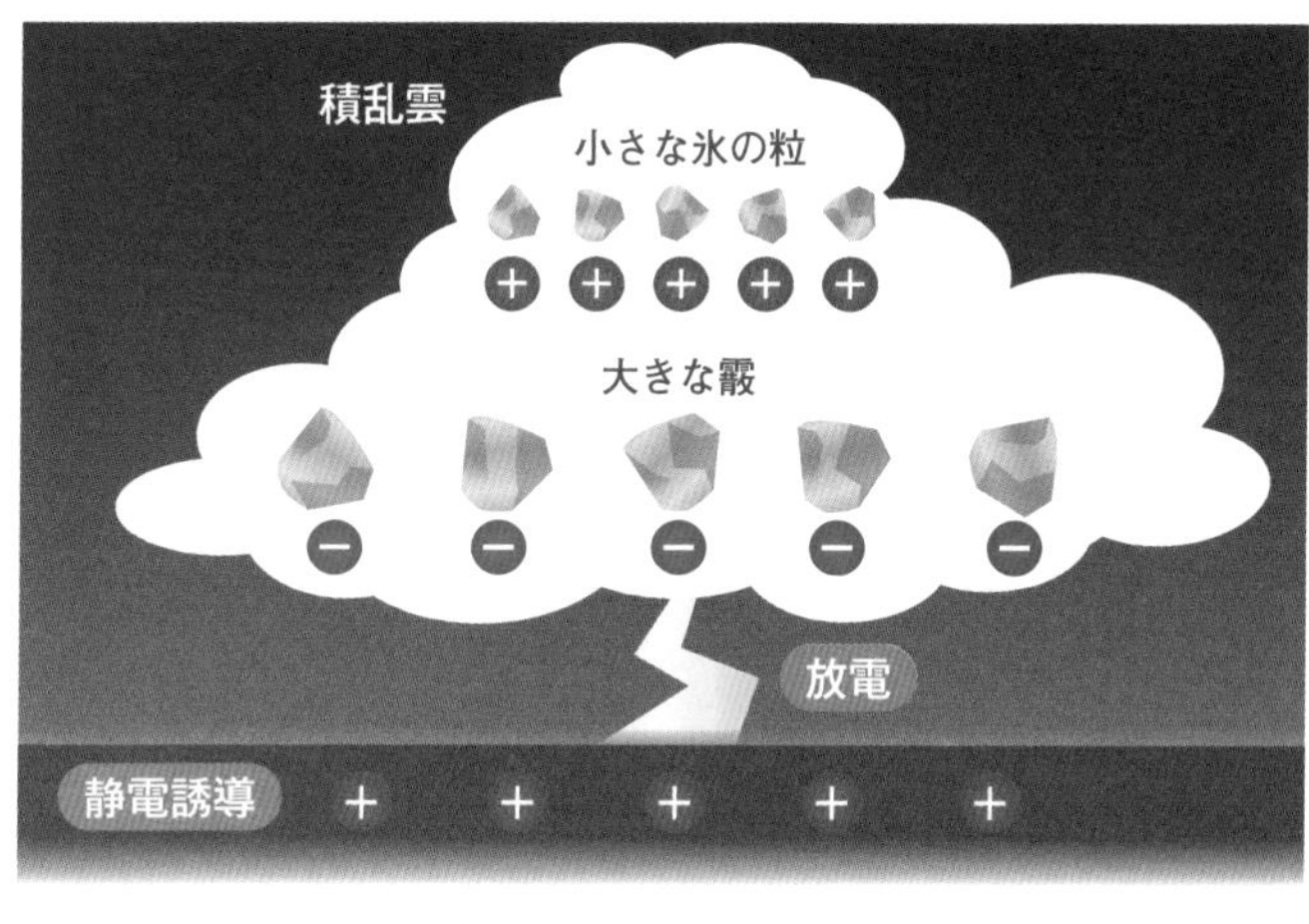

▲「雷」が発生するメカニズム。少しくわしく補足すると、地上への「落雷」は、単純に雲から電気が落ちてきているのではない。雲から枝分かれしながら地面をめざしてきたマイナスの電気が、地面からのプラスの電気とつながり、先にプラスの電気が地面から雲に流れ、そのあと、雲から地表にマイナスの電気が流れる。

放電が起こる

雲の下側のマイナスの電気と、雲の上側や地面のプラスの電気の間には、電気を通すものはありません。

しかし、電気が一定以上溜まると、分けられている状態をもちこたえられなくなり、**放電**(ほうでん)が起こります。つまり、無理やり電気が流れるわけです。これが雷です。

雲の中で放電が起こることを、**雲内放電**(うんないほうでん)といいます。そして、雲の下側と地面との間で放電が起こるのが**落雷**(らくらい)です。

空気とぶつかりながら本来通れないはずのところを通っていく電気の流れは、ギザギザに光る**稲妻**(いなずま)として目に映ります。

07

台風のメカニズム

熱帯の海で発生する巨大な低気圧

台風はどのように発生するのか

気象の中でも大きなものとして、**台風**がありま す。特に夏の終わりから秋にかけて、日本にしばしば上陸し、大きな被害を出すことも少なくありません。

台風が発生するのは、**赤道**に近い低緯度の海です。

そのような海で、海水の温度が**セ氏27度**以上になると、海水が蒸発することによって大量の水蒸気が生じます。

その水蒸気を含んだ空気は、強い**上昇気流**となり、上空に達すると冷やされて、**積乱雲**を形成します。これがくり返されて、次々に積乱雲が生まれ、合体していきます。

そしてこの巨大な雲の塊が、地球の自転の影響を受けて渦を巻くようになるのです。こうしてできたものを、**熱帯低気圧**といいます。

回転する雲の塊の中心部には、湿った強い風が吹き込んできます。雲はどんどん発達しつづけ、中心付近の最大風力が秒速17メートルを超えると、台風と呼ばれることになるのです。

強くて大きい台風の中心は、回転の遠心力の影響で、雲のない状態になることがあります。

これを**台風の目**といいます。

🌐台風の大きさ

台風には、大きさの違いがあります。中心から離れた場所でも強い風が吹いているのが、大きい台風です。

日本の気象庁は、秒速15メートルの風を基準にしています。

中心から500キロ離れた場所でも秒速15メートルの風が吹いている場合、その台風は**大型**と呼ばれます。

さらに大きく、中心から800キロ以上離れた場所にも秒速15メートルの風が吹いている場合には、**超大型**といわれます。

発生した台風は北へ進んでいき、水蒸気が少なくなると消滅します。

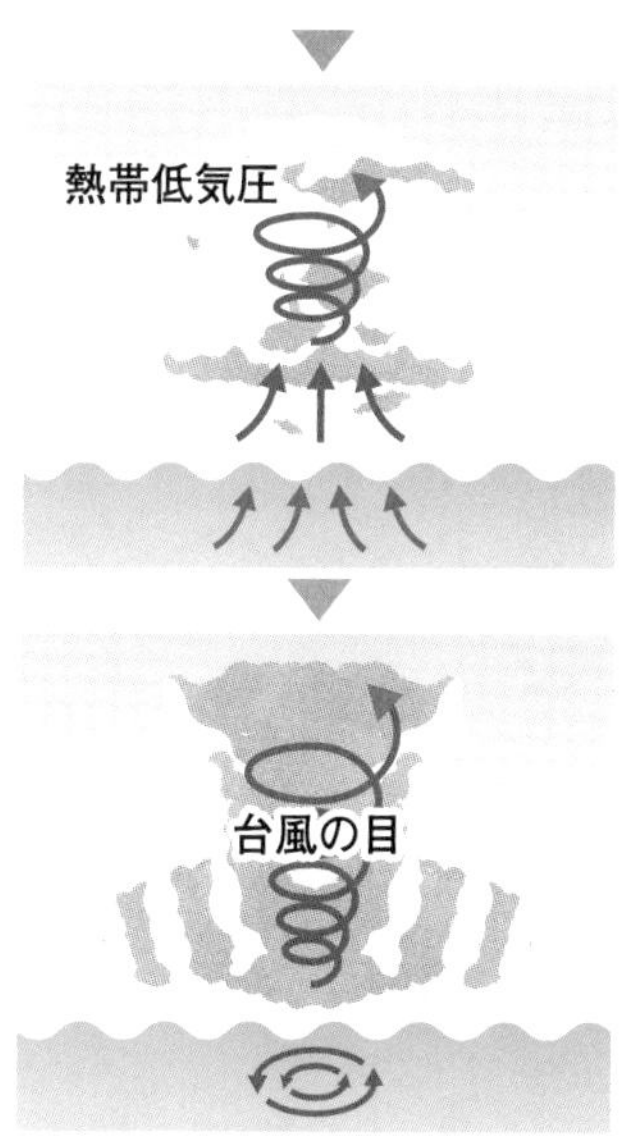

▲「台風」が発生するメカニズム。

▲2017年9月6日に撮影された「ハリケーン・イルマ」。（写真：NASA）

ハリケーンとサイクロン

熱帯低気圧のうち、北太平洋西部や南シナ海で、中心付近の最大風力が秒速17メートルを超えるものを、日本では「台風」と呼んでいるのですが、ほかの地域では熱帯低気圧を別の名前で呼んでいます。

北太平洋の東部や大西洋の熱帯低気圧で、最大風速が秒速およそ33メートルを超えるものは、**ハリケーン**と呼ばれます。アメリカなどに大きな被害を出すことがあります。

また、南太平洋やインド洋の熱帯低気圧のうち、最大風力が秒速17メートルを超えるものは、**サイクロン**といいます。南アジアや東南アジア、オーストラリア、アフリカなどを襲います。

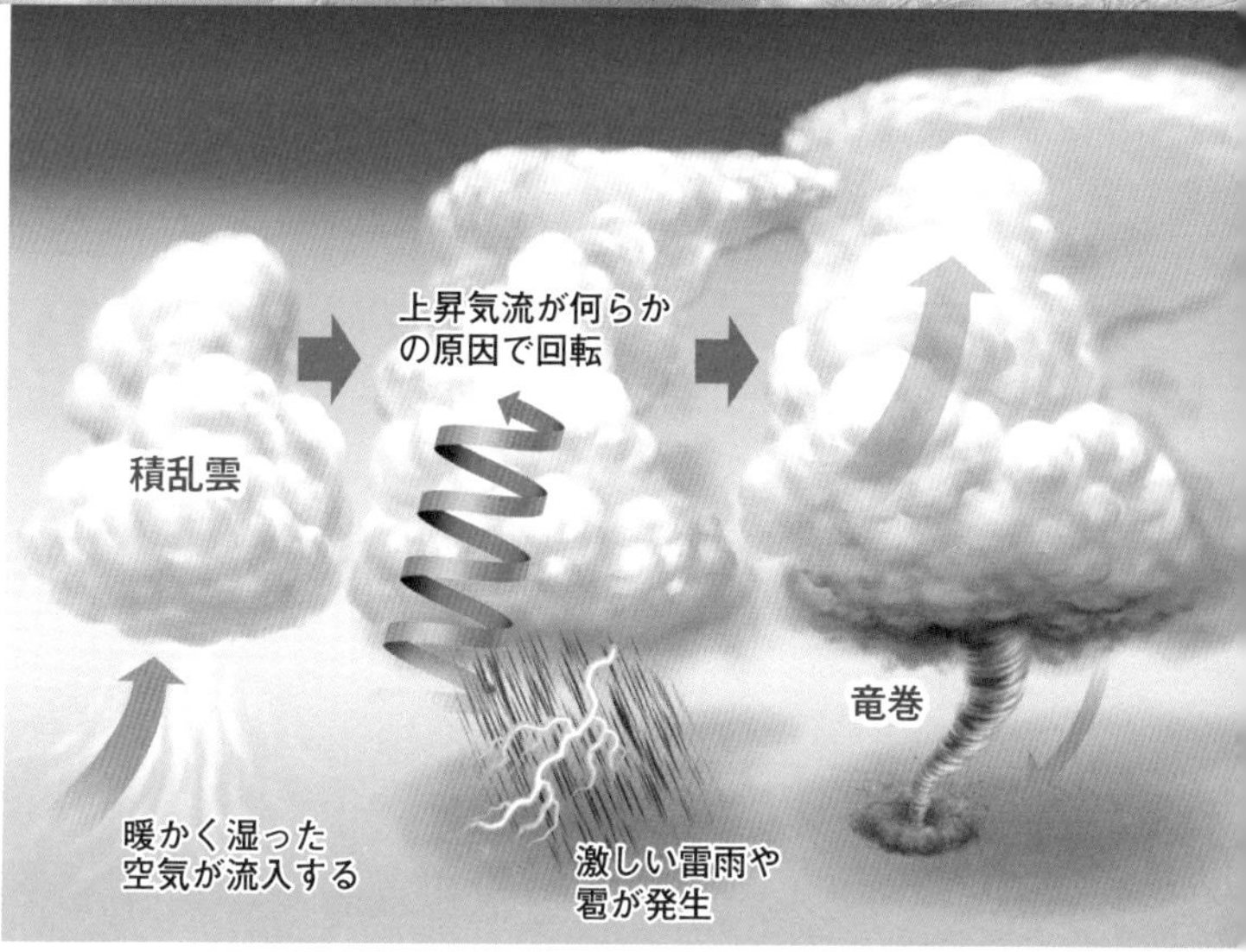

▲「竜巻」は、「積乱雲」の上昇気流から発生した、強力な空気の渦である。

竜巻の恐ろしさ

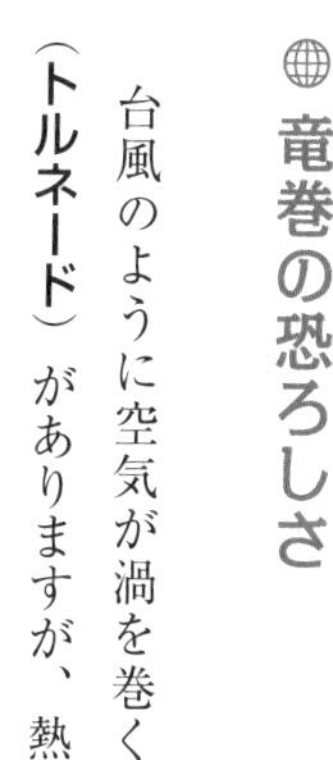

台風のように空気が渦を巻く気象に、**竜巻**(たつまき)**（トルネード）**がありますが、熱帯低気圧が大きく発達してできる台風と違って、竜巻は局所的なものです。

強い上昇気流が吹いている積乱雲の中に、まわりの空気が流れ込み、渦が発生します。その空気の渦が上下に引き伸ばされ、回転の半径が小さくなると、回転するスピードが速くなります。このようにして、非常に強力になった空気の渦が竜巻です。

竜巻は短い間に、激しく吹き荒れます。建物は壊され、人間や動植物、自動車なども巻き上げられてしまう、恐ろしい気象です。

08

光のイリュージョン　虹と幻日

大気の中の水が屈折を引き起こす

光の屈折

空気の中で**光が屈折**して、面白いものが見えることがあります。大気の状態から生まれる現象なので、そのような現象も「気象」だといえます。

代表的なのは**虹**（にじ）です。太陽と反対側の空で雨が降っているとき、雨粒が光を屈折させ、光の色を分けて、美しい円弧状の帯を空にかけてくれます。色の並びは内側が紫、外側が赤です。光が強いときは、外側にもうひとつ虹が見え、その**副虹**（ふくこう）は色の並びが逆になります。

▼内側の「主虹（しゅこう）」だけでなく、外側の「副虹」も見える「ダブルレインボー」。「主虹」と「副虹」は、色の並びが逆である。時間によっては、赤だけの虹や白だけの虹も見られることがある。また、月の光でも虹は発生する。

▲アメリカのノースダコタ州ファーゴで、2009年に撮影された「幻日」。

雲の中にある氷のはたらき

雨が降っていない空でも、雲の中にある氷が光を屈折させて、虹のような光のイリュージョンを発生させることがあります。

たとえば、**環天頂アーク**(かんてんちょう)。虹と同じように円弧状ですが、上下が逆で、「逆さ虹」とも呼ばれます。

幻日(げんじつ)と呼ばれる現象もあります。太陽のような明るい光が空に現れ、虹色の光も見えます。これも、空に光源があるわけではなく、雲の中の氷が光を映しているのです。

ちなみに虹の色は、日本では「7色」とされることが多いですが、国や地域によって色数の把握の仕方は異なっています。

09

蜃気楼の不思議

空気の密度の差が光を屈折させる

空気と曲がる光

光の屈折を起こすのは、雨粒や氷だけではありません。**あたたかい空気の層と冷たい空気の層**が重なって広がっているときに、その**温度差**によって光が曲げられることがあります。

光は普通はまっすぐに進みますが、密度が違う空気があると、**密度の高い空気のほうへ進む性質**をもっています。

そして、あたたかい空気に比べて、冷たい空気のほうが密度は高くなっています。そのため、**光は冷たい空気のほうに曲がる**のです。

▼「蜃気楼」による「浮島現象」。遠方の島と海水面との境界が切れ、浮き上がって見えている。「下位蜃気楼」の一種である。

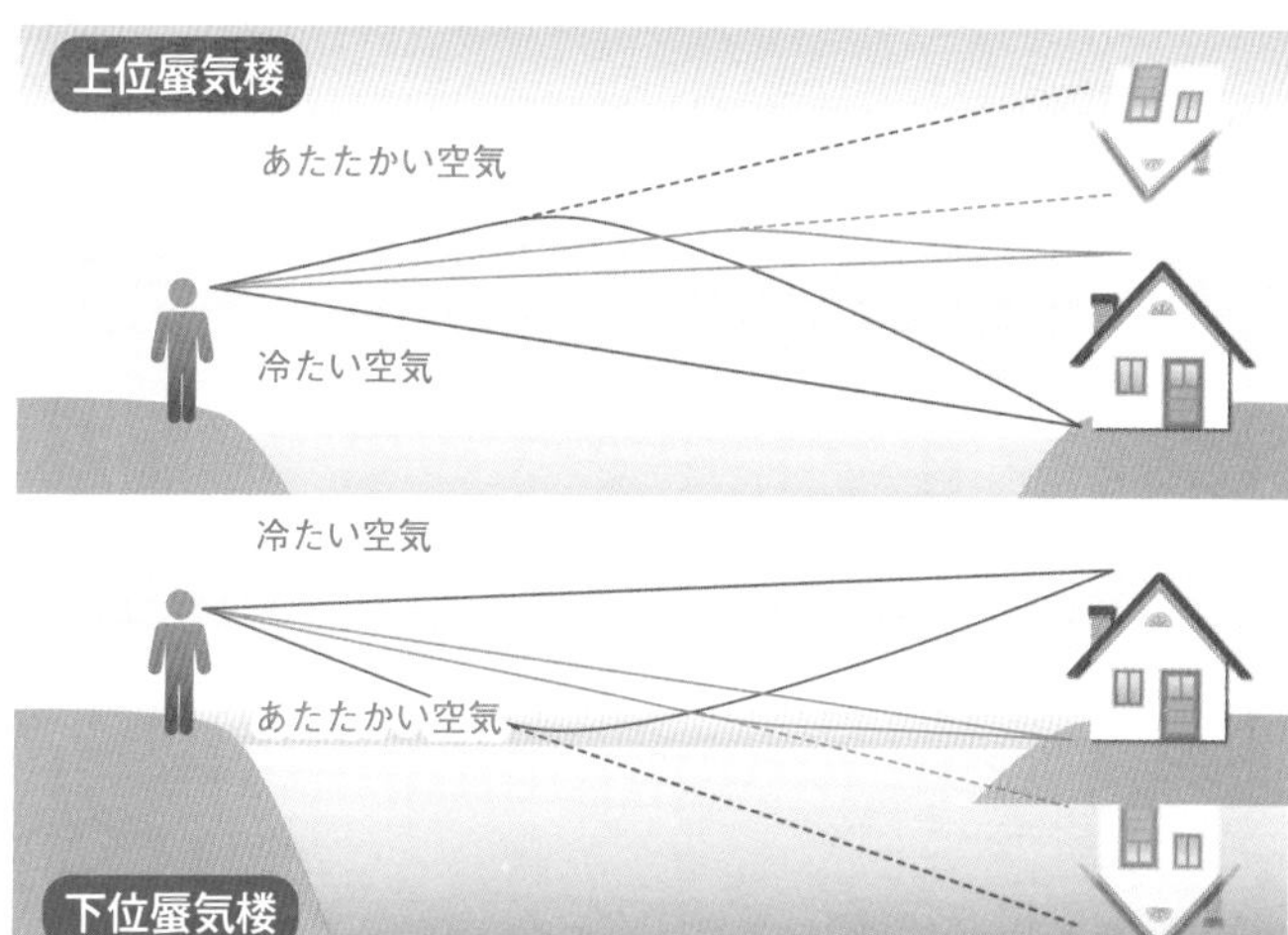

▲空気の密度の差が光を屈折させることによって、「蜃気楼」が生まれる。図中の線は光の進路を表している。

蜃気楼の種類

このような、空気の密度の違いによる光の屈折から生まれるのが、**蜃気楼**(しんきろう)です。

よく見られるのが、**下位蜃気楼**(かいしんきろう)です。下にあたたかい空気の層があり、上に冷たい空気の層があるとき、実物の下側に、反転した虚像(きょぞう)が見えます。道の遠くに水があるように見える**逃げ水**や、海の向こうに島が浮き上がって見える**浮島現象**(うきしまげんしょう)などがこれに当たります。

上にあたたかい空気があり、下に冷たい空気がある場合は、実物の上方に**上位蜃気楼**(じょういしんきろう)が見えることもあります。

また、実物の隣に見える**側方蜃気楼**(そくほうしんきろう)というものもありますが、非常にまれです。

10 神秘のオーロラ

なぜ北極圏や南極圏でしか見られないのか？

地磁気と太陽風

北極圏や南極圏では、**オーロラ**（**極光**）と呼ばれる神秘的な現象が観測されます。夜空に広がる、カーテンのような光です。青や緑、赤の色が見られます。

オーロラが高緯度の地域でよく見えることには、**地磁気**と**太陽風**が関係しています。地球を守る地磁気のバリアは、北極周辺と南極周辺の上空があいたような形になっています。そこに太陽風が吹き込んできて、大気と反応し、オーロラを発生させるのです（79ページ参照）。

▼大気中の酸素原子などに、高速で飛んできた「太陽風」の粒子が衝突すると、酸素原子は不安定な「励起」状態になる。その状態から安定した状態に戻るために、酸素原子は余分なエネルギーを光として放出。その光が「オーロラ」である。

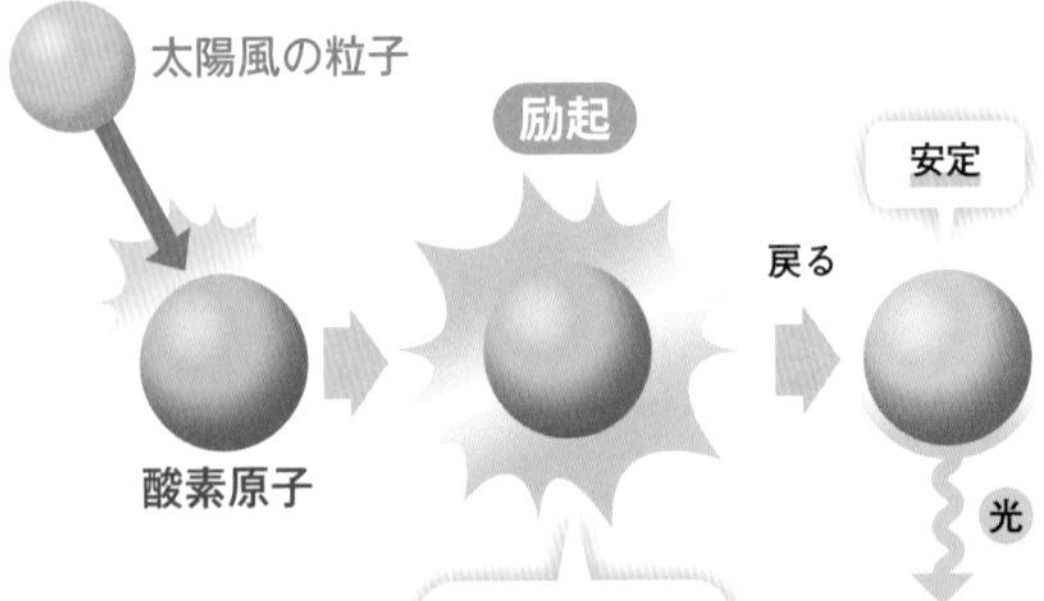

▲アメリカのアラスカ州、「アイルソン空軍基地」上空の「オーロラ」。（写真：アメリカ合衆国空軍）

エネルギーを光として放出

オーロラが発生するメカニズムには、まだ不明な点も多いのですが、もう少しくわしく解説しましょう。

太陽風の粒子が、北極周辺や南極周辺の上空から飛んできて、大気を構成している酸素原子などとぶつかります。

すると、ぶつかられた原子は**励起状態**（れいきじょうたい）になります。励起状態とは、エネルギーが高くて不安定な状態です。

そしてこの状態から、安定したもとの状態に戻るとき、余分なエネルギーが光（**電磁波**（でんじは））として放出されます。この光こそが、オーロラの輝きなのです。

11

空はなぜ青いのか

波長の短い光は上空で散らばる

いろいろな波長の光

晴れていると、空は青く見えます。しかし、それはなぜなのでしょうか？

光は、波としての性質をもっています。波が振動するサイクルの長さを**波長**といいますが、光は、波長の長さによって色が変わります。

私たちに見える光（**可視光**）のうち、**最も波長が短いのは紫色の光**、**次に短いのは青い光**です。逆に、**最も波長が長いのは赤色の光**です。

そして、太陽から来る光には、いろいろな波長の光が混ざっています。

▼太陽から地球へやってくる光には、いろいろな波長の光が混ざっており、その中のごく限られた範囲だけが「可視光」として私たちに見えている。「可視光」の中では、紫色や青の光は「波長」が短い。

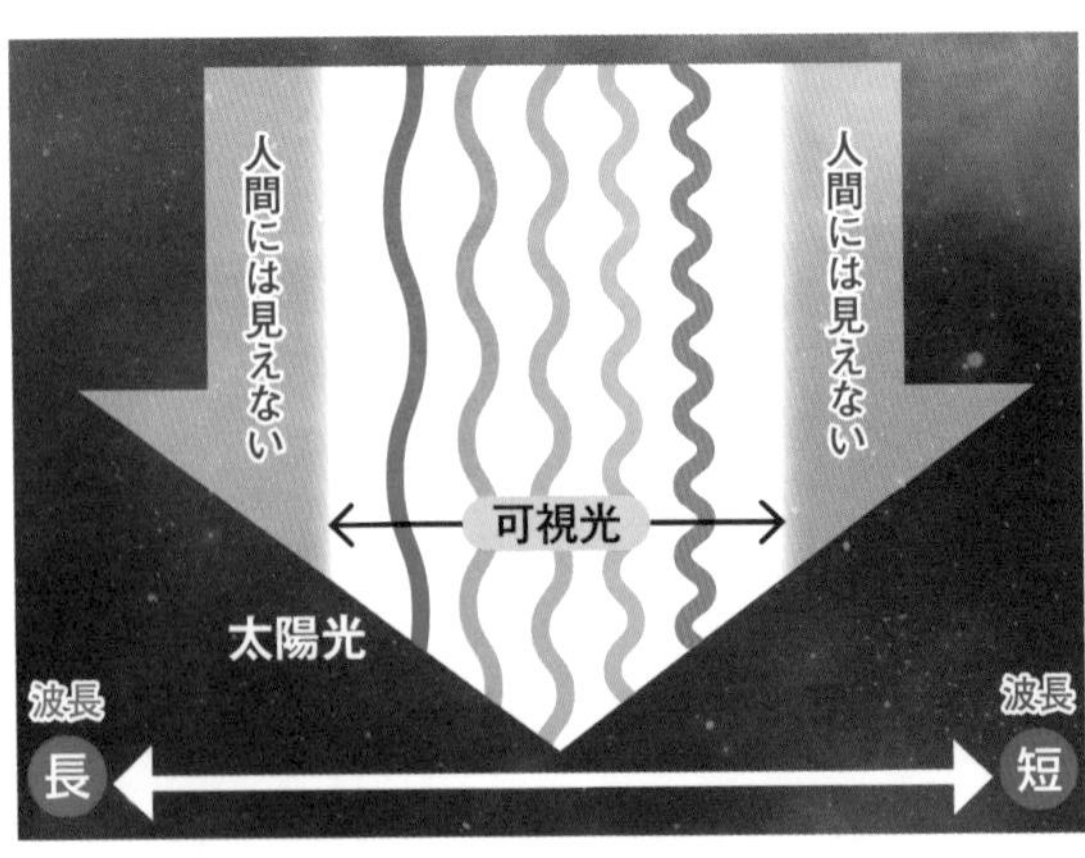

▲「波長の短い光」のほうが「散乱」しやすく、「波長の長い光」はあまり「散乱」しない。

光の散乱

太陽からの光が地球へやってくるとき、大気の中で、空気の**分子**（原子が集まってできた粒子）やチリと衝突し、散らばります。この現象を**レイリー散乱**といいます。

その際、波長の短い光のほうが、散らばりやすい性質があります。

まずは、一番波長の短い紫色の光が、とても高いところで散らばります。そしてもう少し低いところで、青い光が散らばります。

じつは、私たちが空を見上げるときに見えているのは、ちょうどこの青い光が散乱しているところです。そのせいで、空は青く見えるというわけです。

これからの地球に起こること

次の第7章では、おもに「人間活動と地球環境とのかかわり」という観点から、現在と未来の地球について考えていきます。その前にここでは、人間活動の影響とは無関係に、これからの地球に起こると考えられていることを紹介しましょう。

プレートテクトニクスによる大陸の移動が続き、2億年から3億年ほどのちには、**超大陸**が形成されると考えられています。アジアを中心に、アフリカ大陸、南北アメリカ大陸、オーストラリア大陸などがひとつにくっつくだろうというのです。その超大陸は、**アメイジア**と呼ばれています。

そんな超大陸を生む**プレートテクトニクスも、やがて終わるだろう**といわれています。地球内部の熱は無尽蔵のものではなく、いつかマントルが冷えて、マントル対流がなくなってしまうはずだというのです。

海水が少しずつ地球内部に沈み込んでいること（54ページ参照）を、プレートテクトニクス停止の理由として挙げる研究者もいます。停止の時期も、今から10億年後という説や、14億5000万年後という説などがあります。

14億年後、膨張する太陽の熱で地球の気温が高くなり、**生命が滅びる**と予測されています。

45億年後には、地球の属する**天の川銀河**が、最も近い**アンドロメダ銀河**と衝突。そして50億年から80億年後には、膨張した太陽が、地球を呑み込んでしまいます。

第7章 地球環境の現在と未来

01

環境破壊の時代の新しい地質年代

人新世とは何か

現在の地質年代は？

人類はこれから、この地球で、どのように生きていけばよいのでしょうか。そのことを考えるためにも、この章では、現在の地球環境の状況を見ていきたいと思います。

138ページで、**地質年代**について説明しました。私たちが今生きている現在は、**顕生代**（けんせいだい）の中の**新生代**（しんせいだい）・**第四紀**（だいよんき）・**完新世**（かんしんせい）という地質年代に属するとされています。

しかし近年、「すでに新しい地質年代が始まっているのではないか」という説が注目されているのです。

その地質年代の名は、**人新世**（じんしんせい）といいます（「ひとしんせい」とも読みます）。これは、「現在の地質および地球全体に、最も影響を与えている要素は、人類の活動である」という意味を含んで、もともと一部で使われていた用語ですが、オランダ生まれの化学者**パウル・クルッツェン**（1933年〜）が2000年代初めに使ったことで、大きな話題になりました。

人類の活動が、地球に影響を与えているというのは、よい意味ではありません。人類がさまざまな活動によって、**地球環境を破壊**しており、その悪影響が出ているのです。

▲人間による環境破壊が進行する地球のイメージ。

産業革命と大加速

「人類は5000年前から、森林破壊や農耕・牧畜によって、地球環境を変化させてきた」と主張する研究者もいます。しかし、急激な変化は、18世紀から始まった**産業革命**を起点としています。

化石燃料を燃やすことによる**二酸化炭素**の排出をはじめ、環境への負荷は、**第2次世界大戦**後、さらに顕著に増大しました。これは**大加速**（だいかそく）と呼ばれ、現在につながっています。

人新世は、これからの地球における人類の存亡に直結するキーワードであり、科学・哲学・社会といった領域を横断して、今、最も深刻に議論されています。

02

気候変動の脅威

温暖化が陸地の水没や食糧難をもたらす!!

急速な気温上昇

気温や降水量などが、従来とは違うようになっていくことを、**気候変動**といいます。この気候変動が、現在、かつてないスピードで進んでいます。

国際連合環境計画（**UNEP**）と**世界気象機関**（**WMO**）が共同で設立した組織**気候変動に関する政府間パネル**（**IPCC**）の第6次評価報告書（2021年）によると、直近5年間の地球表面の気温は、1850年以降で最も高くなりました。また、1970年以降の50年間の気温の上昇は、過去2000年間のどの50年間よりも急速なペースでした。

本来、地球は一定のサイクルで温暖化と寒冷化をくり返しています。「近年の気温上昇も、この自然のサイクルの範囲内だ」とする考えもあります。しかし、IPCCは「人間の影響が大気、海洋および陸域を温暖化させてきたことは、疑う余地がない」と明確に主張しました。「人間の影響」とは、具体的にいうと、**二酸化炭素**などの**温室効果ガス**の排出による**地球温暖化**を指しています（56ページ参照）。現在の大気中の二酸化炭素濃度は、18世紀半ばに比べて、約1・5倍まで上昇しています。

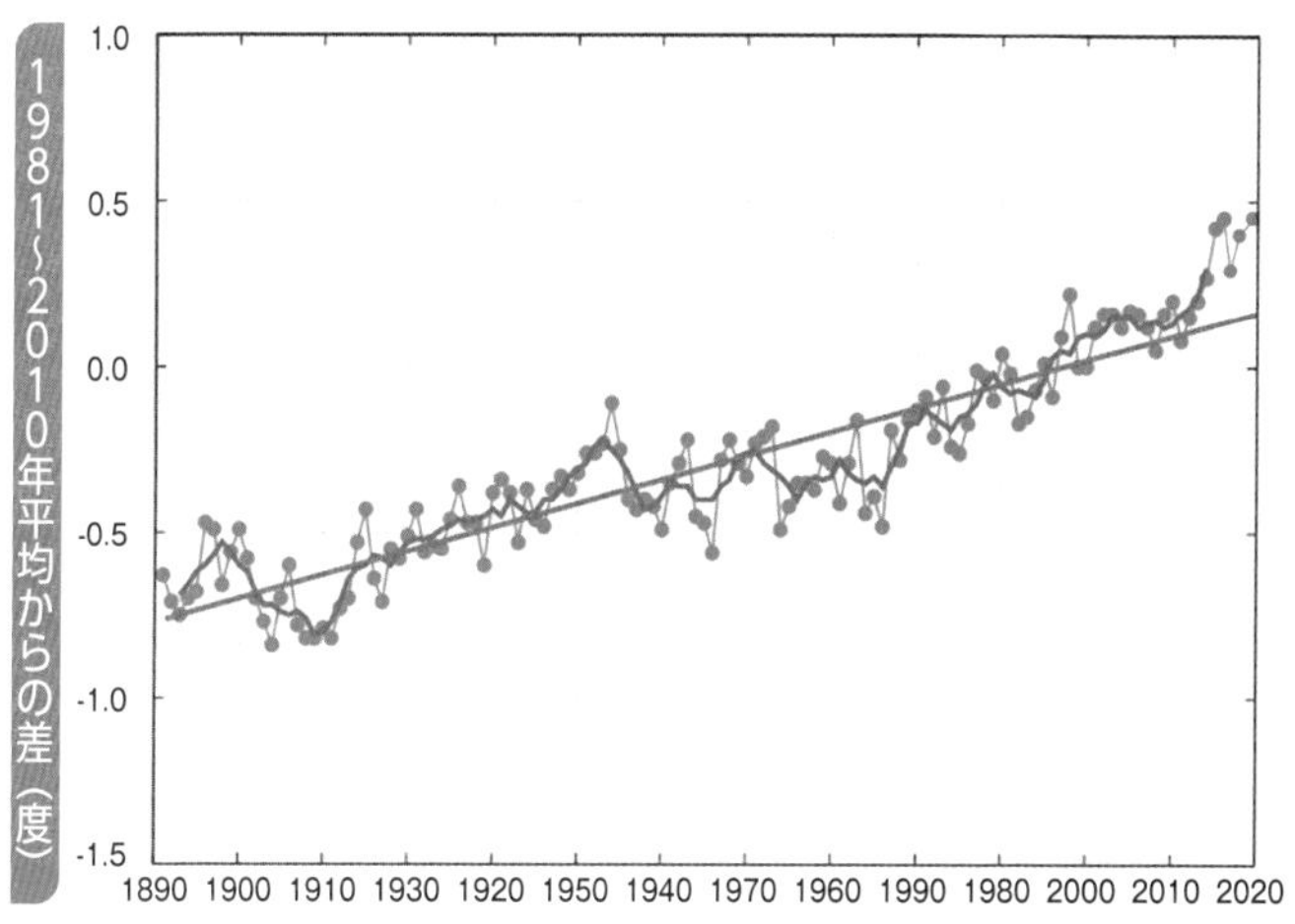

▲世界の平均気温の推移。気象庁による「世界の年平均気温偏差」の図をもとに作成。年によるバラつきはあるものの、世界の平均気温が上昇しつづけていることがわかる。

気候変動がもたらすダメージ

気温が上昇すると、南極などの氷が解けたり、あたためられた海水が膨張したりして、**海水面が上昇**し、水没する陸地も出てきます。

急激な環境の変化により、**絶滅の危機**にさらされる生物も出てきます。病害虫の発生も増え、穀物生産が減ることで、**世界的な食糧難**（しょくりょうなん）になるとの予想もあります。近年、**日本を襲う台風が大型化**し、被害が拡大していることにも、温暖化の影響があるのではないかと見られています。

気候変動は、地球上の人類や生物たちに、さまざまなダメージを与えるのです。気候変動を抑えるためには、**温室効果ガスの排出量の削減**が必要だとされています。

03

海や湖に蓄積されつづける有害物質!!

水質汚染・海洋汚染

自然の浄化能力は限界か

人間の活動によって出てきた有害物質が、川や湖、あるいは地下水などを汚してしまうことを、**水質汚染**（すいしつおせん）といいます。海水の場合は、特に**海洋汚染**（かいようおせん）と呼ばれます。

水を汚す**汚染物質**（おせんぶっしつ）には、工場・家庭・田畑からの排水や、投棄されたゴミ、海に流出する油などがあります。

排水などが含む**窒素**や**リン**といった元素は、**プランクトン**の栄養素となります。こういった元素が海に流れ込むと、プランクトンの異常繁

▼海に捨てられたゴミが流れ着いた海岸。特にプラスチックゴミは、「マイクロプラスチック」という小さなかけらとなって海洋を汚染しつづける。

殖が起こることになります。この現象は**赤潮**(あかしお)と呼ばれます。赤潮が発生すると、プランクトンが酸素を消費してしまうせいで、同じ海域に棲(す)む魚が酸素不足になって大量に死ぬことも珍しくありません。

農薬(のうやく)などの化学物質は、まずプランクトンに取り込まれ、そのプランクトンが魚に食べられ、その魚が鳥に食べられるといった**食物連鎖**(30ページ参照)のステップごとに、濃度が上がることがあります。これを**生物濃縮**(せいぶつのうしゅく)といいます。高濃度になった化学物質を、人間が摂取してしまう危険性も小さくありません。

自然界は、汚染された水を、バクテリアなどのはたらきによって浄化してきました。しかし、すでにその浄化能力を超えた汚染が広がっていると見られています。

マイクロプラスチック

近年、特に問題視されているのが、**マイクロプラスチック**です。これは、海に漂っているうちに粉砕(ふんさい)されたり風化したりして、5ミリ以下のかけらになったプラスチックゴミのことです。

殺虫剤の成分であるDDTなどの化学物質を吸着するだけではなく、エサと間違えられて、魚などに食べられることがあります。ここでも生物濃縮が成立するため、人間の健康問題を引き起こす可能性が無視できません。

マイクロプラスチックは、バクテリアによって分解されることがほとんどないうえ、回収も困難であるため、半永久的に海や湖を汚しつづけることになってしまいます。

04

大気汚染

人間の健康を蝕み、木や魚を殺す

呼吸器疾患の死者年間７００万人

産業や交通など、人間の活動から作り出される有害物質によって大気が汚されることを、**大気汚染**といいます。

大気汚染は、**産業革命**をきっかけに深刻化しました。工業が発展したことによって**化石燃料**の消費量が増え、粉塵や排煙、化学物質などの**汚染物質**が、大量に空気中に放たれるようになったのです。

大気汚染の直接的な被害の典型は、**肺がん**などの**呼吸器疾患**です。**世界保健機関**（ＷＨＯ）は、この呼吸器疾患のために世界で年間約７００万人が亡くなっていると見ています。

間接的な被害としては、**酸性雨**によるものがあります。酸性雨とは、汚染物質に含まれる**硫黄酸化物**や**窒素酸化物**を大気中で取り込んで、強い酸性になった雨のことです。

酸性の雨水が土の中に入ると、植物にとって必要な栄養素である**カルシウムイオン**や**マグネシウムイオン**が、その水に溶けて流失します。そのため、木々が成長できなくなったり枯れたりします。

雨水は湖沼にも流れ込んで、魚の生育環境を悪化させます。

▲煙った大気に包まれた中国の広州。東アジアでは特に大気汚染が深刻化している。

PM2・5

2・5マイクロメートル以下の粒子状で空気中に漂う汚染物質を、**PM2・5**と呼びます。毛髪の太さの30分の1以下しかないため、容易に肺の奥まで入り、排出も困難です。さまざまな有害な成分を吸着しており、呼吸器だけでなく、循環器（じゅんかんき）にまでダメージを与えます。

2013年には、高濃度のＰＭ２・５が西日本で何度か観測され、日本でも関心が高まりました。大気汚染対策の遅れていた中国から、**偏西風**に乗って飛来したと考えられています。

現在では中国の対策も進み、飛来は減っています。しかし、国内で発生するＰＭ２・５もあり、脅威が去ったわけではありません。

05

破壊される森林

30年間で失われた面積は日本の5倍!!

森林破壊の理由には、森林に火を放って焼け跡を農地にする**焼畑農業**、コーヒーやゴムなどを栽培する**プランテーション**（大規模農園）の造成、紙の原材料や燃料にするための伐採などがあります。また、**酸性雨**（234ページ参照）によるダメージも見落としてはいけません。

ただ、森林の減少の仕方には、地域によって違いがあり、アジアの一部やヨーロッパでは回復傾向が見られます。中国では計画的な植林により、この30年間で1億6000万ヘクタールから2億2000万ヘクタールへと森林面積が増えました。現在深刻なのは、南アメリカなどの**熱帯雨林**（198ページ参照）の減少です。

焼畑農業などの影響

森林破壊も、現在進行中の深刻な環境破壊のひとつです。人間が樹木を伐採したり焼いたりするせいで、自然の力では森林が回復できなくなるのです。

国際連合食糧農業機関（FAO）によると、2020年の世界の森林面積は、地球の陸地面積の約3割に当たる約40億ヘクタールでした。1990年に比べて1億7800万ヘクタール少なく、日本全土の約5倍に当たる面積の森林が30年間で失われたことになります。

▲ブラジルにおける森林破壊。「熱帯雨林」が伐採され、はげ山となっている。

森林の役割

樹木は成長するときに、**温室効果ガス**である**二酸化炭素**を吸収し、**炭素**として体内に蓄積します。森林は炭素の貯蔵庫としての機能をもっているのです。森林破壊が進むと、大気中の二酸化炭素濃度が高くなって、**地球温暖化**が深刻化する危険性があります。

ほかにも、降った雨を土壌に保つことで水源となったり、樹木が葉から水蒸気を放出することで夏の気温を下げたり、動植物・菌類・微生物の生息の場となることで**生物多様性**（せいぶつたようせい）（２４１ページ参照）を保ったりと、森林がもつ機能は数えきれません。森林が失われると、これらの機能が失われてしまうことになるのです。

06

砂漠化の進行

32億人が深刻なまでに劣化した土地に住む

全世界の土地の約３割が「劣化」

国際連合環境計画（UNEP）が２０１９年に公表した「第６次地球環境概況（がいきょう）」によると、全世界の土地の29パーセントがきわめて深刻に「劣化」しており、その地域に約32億もの人々が住んでいます。

土地の「劣化」の多くは、**砂漠化（さばくか）**を意味しています。国際連合の定義によると、砂漠化とは、もともと乾燥気味だったところへ、さらに❶**気候変動**や❷**人間の活動**が影響して、土地が劣化することです。

人間活動も砂漠化の要因に

この場合の❶気候変動とは、具体的には**極端な少雨**や**干ばつ（かん）**などです。**地球温暖化**の影響で、降水量の多いところではさらに多くなり、少ないところはさらに少なくなったとの見方もあります。

それは一見、自然によってもたらされた災難のように思えるかもしれません。しかし、現在の地球温暖化には、**人間活動**の影響が小さくありません。少雨や干ばつなども、人間の活動から影響を受けて起こっていることになります。

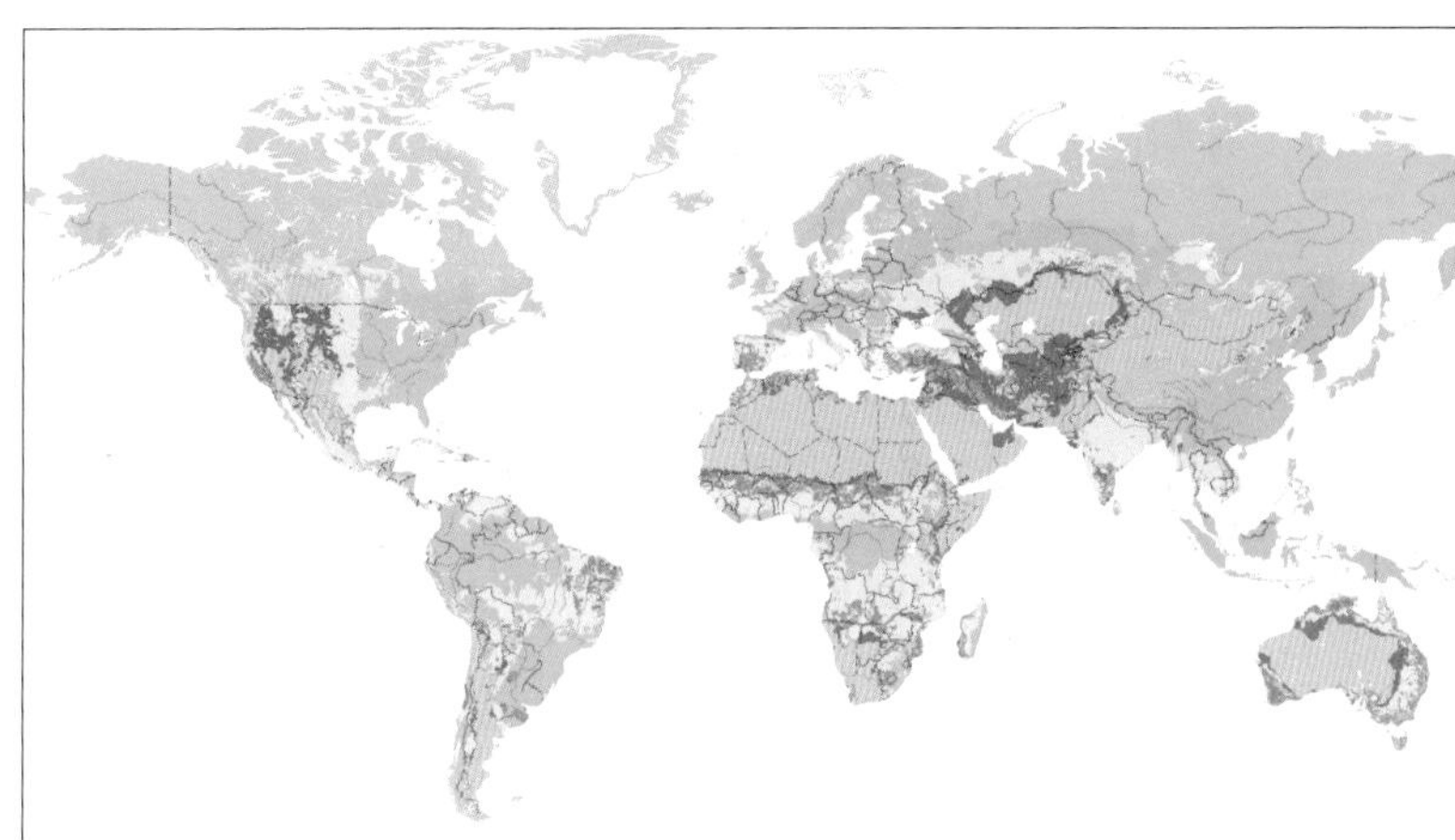

▲砂漠化の危険度を示す地図。アメリカ合衆国農務省による図をもとに作成。灰色の領域はもともと乾燥している地域を示す。砂漠化する危険度が高い地域はオレンジ、非常に高い地域は赤で示されている。

砂漠化を直接的に引き起こす❷人間の活動には、まず、農地を広げたり燃料を得たりするための**森林破壊**（236ページ参照）があります。大規模に、急激に伐採すると、森林は再生しません。

また、せまい範囲に多すぎるヤギやヒツジを放牧して、植物を根絶やしにすることも少なくありません。農業用水としてくみ取りすぎて、地下水を涸（か）らしてしまう場合もあります。

これらの結果、樹木はなくなり、地中に張る根もなくなるため、表土は、風に飛ばされたり、たまの雨でも流されたりしやすくなります。最後は、栄養分を含まず保水力もない砂や岩石しか残りません。砂漠化した土地は、農業にはまったくの悪条件であるため、そこに住むしかない人々は、貧しい生活を強いられています。

07 生物多様性の危機

生態系が壊れると自然の恵みも失われる

「第6の大量絶滅」

現在、「**第6の大量絶滅**」（116ページ参照）が進行中だといわれています。

IPBES（生物多様性及び生態系サービスに関する政府間科学−政策プラットフォーム）という組織が2019年に発表した報告書によると、現在、**およそ100万種の動植物が絶滅の危機**に瀕（ひん）しており、そのスピードは、過去1000万年の平均に比べて10〜100倍以上に当たります。

多くの生物種を絶滅に追いやりつつある原因

▼特に深刻な絶滅の危機にある生物の例。ジャイアントパンダ（左上）は野生絶滅の恐れが高い「危急種」、トラ（右上）やアオウミガメ（左下）はこのままだと絶滅する「絶滅危惧種」、オランウータン（右下）は絶滅寸前の「近絶滅種」に分類される。

は、人間です。人間活動によって**生態系**（30ページ参照）が破壊され、**生物多様性**が失われようとしているのです。

生物多様性とは何か

生物の**多様性**（いろいろな種類があること）には、次の3つのレベルがあります。3つはどれも大切であり、相互に支え合っています。

❶**生態系**の多様性
❷**種**（しゅ）の多様性
❸**遺伝子**の多様性

❶いろいろな種類の生態系（森、草原、川など）があることで、❷いろいろな種類の生物が生きられます。また、❸ひとつの種の中に多様な遺伝子をもつ個体がいることで、環境が変化しても適応し、絶滅を避けることができます。

なぜこれらの多様性が大切なのかというと、**自然の恵み**の基盤となっているからです。

私たちは、食料をはじめとして、さまざまな恵みを自然から受け取っています。その恵みは、多様な遺伝子をもったさまざまな種が存在する、豊かな生態系からもたらされるのです。

たとえ「こんな生物は、人間に恵みを与えてくれていない」と思われるような種であっても、その種が絶滅してしまうと、生態系全体のバランスが崩れます。予想外のリスクも生じるでしょうし、一度崩れたバランスをもとに戻すのは困難で、非常に長い時間がかかるのです。

異常気象

豪雨は極端になり、ハリケーンも大型化した

「異常」が「常態」化しつつある

近年、数年に一度という高い頻度で、豪雨が日本の各地を襲っています。北アメリカでは**ハリケーン**（216ページ参照）が大型化して発生数も増え、ヨーロッパ各地でも観測史上の最高気温を何度も更新しました。

本来は30年に一度も起こらないような高温・低温、大雨・少雨、強風などを、**異常気象**（いじょうきしょう）といいます。その異常気象の頻度が増え、程度が極端化しているのです。このことには、**地球温暖化**も影響しているのではないかといわれます。

エルニーニョ現象

従来、異常気象の原因のひとつとされてきた現象に、**エルニーニョ現象**があります。

中部太平洋から南米沿岸にかけての赤道付近の海域では、**貿易風**（205ページ参照）という東からの風が吹いています。この風によって、海面近くのあたたかい海水が西へ送られ、代わりに、深いところにあった冷たい海水が、海の表面に上がってきています。

ところが数年に一度、1年程度にわたって貿易風が弱まることがあります。これにより、あたたかい海水が残るため、海面近くの水温が上がるのが、エルニーニョ現象です。

　この現象は地球上の広い範囲に影響を与え、平年とは異なる気象を発生させます。また、エルニーニョ現象とは逆に、貿易風が強まることから起こる**ラニーニャ現象**も、世界の広い地域に異常気象をもたらす原因となっています。

　そして、地球温暖化が進むと、エルニーニョ現象やラニーニャ現象が多くなり、極端な気象が頻発するのではないかと危惧（きぐ）されています。

通常

海水があたたかい地域では積乱雲が発達して雨が多くなる

貿易風

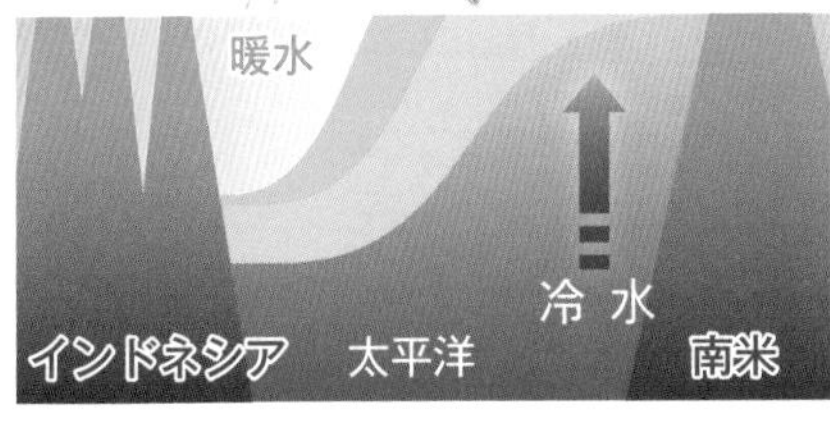

エルニーニョ現象

弱い貿易風
暖水
太平洋
インドネシア
冷水
南米

ラニーニャ現象

強い貿易風

▲「貿易風」と海水温の関係によって、広い範囲の気象が変化する。

09

パンデミック

地球環境が悪化すると感染症の脅威も増す

新型コロナウイルス感染症

2019年末に発生が確認され、一気に世界中に広まった**新型コロナウイルス感染症**(かんせんしょう)（**COVID-19**）は、感染症の脅威を私たちに否応もなく思い知らせました。

2020年3月には、**世界保健機関**（**WHO**）がCOVID-19を**パンデミック**と認定しました。パンデミックとは、感染症が世界の広い範囲で同時流行した状況をいいます。過去のものでいえば、世界中で流行した**スペイン風邪**(かぜ)（1918年）や、ヨーロッパを中心に流行した**ペスト**（14世紀）がパンデミックの典型です。

環境破壊と感染症

感染症の脅威は、今後さらに増すと考えられています。背景には**地球温暖化**など、地球環境の悪化があります。

たとえば、世界の各地で気温が上昇することで、蚊、ダニ、ノミといった、ウイルスや菌を運び、人間に感染させる生物が棲める範囲が広がります。

また、地球温暖化は**洪水**や**干ばつ**、**砂漠化**（2

	媒介するもの	感染経路	感染症の種類
直接感染	なし	かまれる	狂犬病
		なめられる	パスツレラ症
		ひっかき傷	猫ひっかき病
		排泄物	トキソプラズマ症、回虫症
間接感染	媒介動物	蚊	日本脳炎、マラリア、デング熱、ウエストナイル熱、リフトバレー熱
		ダニ	ダニ媒介性脳炎
		げっ歯類	ハンタウイルス肺症候群
		ノミ	ペスト
		巻き貝	日本住血吸虫症
	環境	水系汚染	下痢症（コレラなど）
		土壌汚染	炭疽
	動物性食品	肉	腸管出血性大腸菌感染症（O157 血清型）、サルモネラ症
		魚肉	アニサキス症

地球温暖化の影響を受けると想定される

▲ さまざまな感染症と感染経路の例。環境省のパンフレット「地球温暖化と感染症」掲載の図をもとに作成。

38ページ参照）の原因です。これらが起きた地域では、清潔な飲み水を手に入れにくく、ウイルスや菌を含んだ水を仕方なく飲むことになり、感染症も流行します。

森林破壊（236ページ参照）が、新種の感染症をもたらすとの見方もあります。

人間が、もとは野生動物のすみかだった森林を農地にしたり、すみかやエサ場を失った野生動物が、人間の住む世界に出てきたりすると、人間と野生動物との接触が増えます。その結果、もともとは野生動物の間だけで流行していた感染症が、人間の間でも流行してしまう危険性が出てくるのです。

SARSや**エボラウイルス病**など、近年発生している感染症の4分の3は、動物から感染が広がる**動物由来感染症**だとされています。

SDGsへの取り組み

パリ協定

地球温暖化をはじめとするさまざまな環境問題は、地球規模の危険であり、私たちがこれからも地球上で生きていけるようにするために、世界のあらゆる国や地域の人々が協力して対処していかなければならない課題です。

たとえば**気候変動**を抑制するためには、**二酸化炭素**などの**温室効果ガス**の排出量を削減しなければなりません。2015年に採択された**パリ協定**は、2020年以降の気候変動対策を定めた国際的な枠組みです。世界中の国々が参加して、削減目標を設定しています。

しかし、産業などによって排出される温室効果ガスを削減しようとすると、産業に対して規制をかけたり、生活の便利さを少しあきらめたりする必要も出てきます。

そのような規制に対して納得できない人も、世界には少なくありません。2017年からアメリカ大統領を務めた**ドナルド・トランプ**（1946年〜）は、地球温暖化対策に対して懐疑的であり、アメリカは2020年、パリ協定から離脱しました。しかし2021年、**ジョー・バイデン**（1942年〜）が大統領に就任すると、アメリカはパリ協定に復帰しました。

	京都議定書	パリ協定
採択年	1997 年	2015 年
発効年	2005 年	2016 年
目的・趣旨	先進国などによる温室効果ガスの排出を抑制・削減	地球の平均気温の上昇を産業革命以前と比べて2度未満に抑制（努力目標は 1.5 度未満）
対象	先進国を中心に 38 か国・地域（2013 ～ 2020 年）	途上国を含む 196 か国・地域
国別削減目標	各国が政府間交渉で決定 途上国には削減義務なし	各国が目標を設定し 5 年ごとに更新 目標達成は義務づけない
途上国への資金支援	なし	先進国は資金拠出を義務づけられる 途上国は自主的な拠出が求められる

▲「パリ協定」は、2020 年までの気候変動対策を定めた「京都議定書」（1997 年）を引き継ぐ形で、2015 年に採択され、翌年発効した。

チャンスにもなるSDGs

地球温暖化のほかにも、国際紛争や貧困、飢餓など、人類は多くの危機に直面しています。

2015年9月、これらの問題解決のために、国連加盟国が全会一致で採択したのが、**SDGs（持続可能な開発目標）**です。その趣旨を噛み砕くと、次のようになるでしょう。

「みんなが後先考えずに目先の利益だけを追っていると、現在弱い立場に立たされている人たちはますます困窮し、未来の世代の人たちは地球に住めなくなってしまう。だれもが幸せになるための目標を掲げ、努力していこう」

SDGsは、17個の目標と、その目標を達成するための具体的な行動であるターゲット16

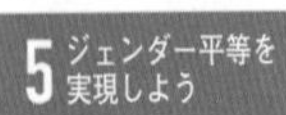

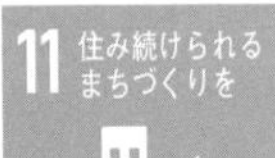

▲2015 年に採択された「SDGs」の 17 の目標。地球環境の保全のほかにも、貧困の解消や差別の撤廃など、さまざまな目標がある。（出所：国連広報センター）

9個で成り立っています。2030年までにそれらの目標を達成することを、各国の政府だけでなく、地方自治体、民間企業、個人もめざすことになりました。

世界中が取り組むことになったSDGsには、新しい発想や技術も必要になります。そのため、**大きなビジネスチャンスになる**とも考えられています。

環境に負荷をかけない技術を開発することができれば、世界的な需要があり、莫大な利益が得られます。また、「私たちはSDGs達成のために努力している企業です」という姿勢をアピールすれば、消費者たちから支持され、売上を伸ばせるでしょう。こういったことから、SDGsは現在、ビジネスの世界においても非常に注目されています。

これからの地球のために

ただ、SDGsに対して、「金儲けのための口実ではないか」「本当に大きな効果があるのか」など、疑問の声も少なくありません。

たとえば経済思想史研究者の**斎藤幸平**（1987年～）は、著書『人新世の「資本論」』においで、SDGsを批判しています。本当に気候変動を止めたいなら、SDGsの枠内で「いいことをしている」という自己満足を得るのではなく、際限なく成長しようとする資本主義から脱却する必要がある、というのがその論旨です。

斎藤の主張に同意するかはともかく、私たちひとりひとりが地球のことを本気で考え、行動していくべき時代になっています。

索引

＊初出、または特に参照するべきページは、太字にしてあります。
＊見出しや図のみに載っているページも含みます。

❖ 主要参考文献 ❖

荒木健太郎『すごすぎる天気の図鑑』(KADOKAWA)/科学雑学研究倶楽部編『最新科学の常識がわかる本』(ワン・パブリッシング)/垣内貴志『カリスマ先生の地学』(PHP研究所)/唐戸俊一郎『地球はなぜ「水の惑星」なのか』(講談社)/川上紳一監修『ニュートン式超図解 最強に面白い!! 地球46億年』/小林憲正『宇宙からみた生命史』(筑摩書房)/斎藤幸平『人新世の「資本論」』(集英社)/斎藤靖二監修『「地球」の設計図』(青春出版社)/更科功『絶滅の人類史』(NHK出版)、『進化論はいかに進化したか』(新潮社)、『若い読者に贈る美しい生物学講義』(ダイヤモンド社)/菅沼悠介『地磁気逆転と「チバニアン」』(講談社)/平朝彦、国立研究開発法人海洋研究開発機構『地球科学入門』(講談社)/谷合稔『「地球科学」入門』(ソフトバンク クリエイティブ)/地球科学研究倶楽部編『生命38億年の秘密がわかる本』(学研)、『日本列島5億年の秘密がわかる本』(ワン・パブリッシング)/土屋健、宮崎正勝『地球と人類の46億年史』(洋泉社)/中島映至、田近英一『正しく理解する気候の科学』(技術評論社)/成田憲保『地球は特別な惑星か?』(講談社)/丸山茂徳『最新 地球と生命の誕生と進化』(清水書院)/吉田晶樹『地球はどうしてできたのか』(講談社)/渡辺政隆『ダーウィンの遺産』(岩波書店)/バウンド『60分でわかる! SDGs超入門』(技術評論社)/ユヴァル・ノア・ハラリ(柴田裕之訳)『サピエンス全史(上・下)』(河出書房新社)/ピーター・ウォード、ジョゼフ・カーシュヴィンク(梶山あゆみ訳)『生物はなぜ誕生したのか』(河出書房新社)/クリストフ・ボヌイユ、ジャン=バティスト・フレソズ(野坂しおり訳)『人新世とは何か』(青土社)/『今、行きたい! 世界の絶景大事典1000』(朝日新聞出版)/『中学総合的研究 社会 新装版』、『中学総合的研究 理科 新装版』(旺文社)/『イラストで学ぶ 地理と地球科学の図鑑』(創元社)/『学研の図鑑LIVE 宇宙』、『学研の図鑑LIVE 恐竜』(学研)/『講談社の動く図鑑MOVE 地球のふしぎ』(講談社)/『新詳高等地図』(帝国書院)/『新しい科学(1年~3年)』、『新しい社会 地理』(東京書籍)/『Newtonムック 地球史46億年の大事件ファイル』、『ニュートン別冊 奇跡の惑星 地球の科学』、『ニュートン別冊 地球と生命 46億年のパノラマ』、『Newton大図鑑シリーズ 地球大図鑑』(ニュートンプレス)/『詳説世界史 改訂版』(山川出版社)
ほか

❖ 写真協力 ❖

Freepik／vectorpouch／Pixabay／Wikimedia Commons／写真 AC／イラスト AC／シルエット AC／市原市教育委員会

最新版　地球46億年の秘密がわかる本

2021 年 10 月 8 日　第 1 刷発行

編集製作 ◎ ユニバーサル・パブリシング株式会社
デザイン ◎ ユニバーサル・パブリシング株式会社
イラスト ◎ 岩崎こたろう／山中こうじ
編集協力 ◎ 柳本学／平林慶尚

編　　者 ◎ 地球科学研究倶楽部
発 行 人 ◎ 松井謙介
編 集 人 ◎ 長崎　有
企画編集 ◎ 宍戸宏隆
発 行 所 ◎ 株式会社 ワン・パブリッシング
〒 110-0005 東京都台東区上野 3-24-6

印 刷 所 ◎ 岩岡印刷株式会社

この本に関する各種のお問い合わせ先
●本の内容については、下記サイトのお問い合わせフォームよりお願いします。
https://one-publishing.co.jp/contact/
●在庫・注文については　書店専用受注センター　Tel 0570-000346
●不良品（落丁、乱丁）については　Tel 0570-092555
業務センター　〒 354-0045 埼玉県入間郡三芳町上富 279-1